女装工业纸样

细节处理与板房管理

鲍卫兵　编著

东华大学 出版社

·上海·

内容简介

本书详细讲解工业打板中的每一个刀口位、打孔位及线条变化。包括最新的款式基本型,方便读者套用的款式模板,服装生产相关问题专业的讨论和研究,缝制工艺对纸样的影响,还有最新的板型调整方案以及打板、推板、修改纸样的细节检测索引,本书诸多内容为首次公开,是作者近期的最新作品。

图书在版编目(CIP)数据

女装工业纸样细节处理与板房管理/鲍卫兵编著.—上海:东华大学出版社,2016.6

ISBN 978 - 7 - 5669 - 1012 - 7

Ⅰ.①女… Ⅱ.①鲍… Ⅲ.①女服—服装量裁 ②服装工业—工业企业管理—生产管理 Ⅳ.①TS941.717 ②F407.866

中国版本图书馆 CIP 数据核字(2016)第 041400 号

女装工业纸样细节处理与板房管理

编著/ 鲍卫兵

责任编辑/ 杜亚玲

封面设计/ 黄 翠

出版发行/东华大学出版社

　　　　　上海市延安西路 1882 号

　　　　　邮政编码:200051

出版社网址/www.dhupress.net

淘宝旗舰店/ dhupress.taobao.com

经销/ 全国新华书店

印刷/ 苏州望电印刷有限公司

开本/ 889mm×1194mm　1/16

印张/ 15　　　字数/ 528 千字

版次/ 2016 年 6 月第 1 版

印次/ 2016 年 6 月第 1 次印刷

书号/ ISBN 978-7-5669-1012-7/TS・685

定价/ 42.00 元

序　言

　　本书是女装工业纸样技术系列第四本，前三本分别是《女装工业纸样——内/外单打板与放码技术》、《图解女装新板型处理技术》和《女装打板缝制快速入门——连衣裙篇》。众多的读者朋友会认为，接下来应该是裤子篇、裙子篇、衬衫篇、西装篇、大衣篇，而实际上，笔者并没有沿着这种思路去罗列下来写作，这种思路是最常规的思路的，对这种方式笔者没有热情去做，笔者在工作之余的时间里，不断地收集和总结有实际使用价值的技术和技巧。如果这里面的知识能为读者朋友解决实际问题，或者有所启发，那无疑是一件非常有意义的事情。

　　本书前半部分为纸样细节处理的内容，后半部分为板房管理，这两者之间其实是紧密联系的，板房管理人员必须精通细节处理，每一个刀口为和文字标注都能根据实际情况灵活处理，能够自如地处理服装工业生产中有可能出现的各种问题，保证批量生产能够顺利、有序的完成。

　　本书比较新颖的内容有：

　　服装打板基础问题的讨论；

　　服装打板和生产中相关问题的研究；

　　不同类型的服装纸样细节部位处理技术；

　　服装缝制工艺对纸样的影响；

　　板型调整技术。

　　其中，穿插了各种女装的基本型，这是照顾到初学者的阅读和理解，同时又有特殊少见的打板处理方式，合计二十多款模板和数值。同时包括了双面呢手工大衣的做法，服装CAD与手机摄像输入法的结合使用；服装生产中面料缩水的处理方法和牛仔洗水缩水的操作方法；茧形大衣的板型和缝制……以及板房管理技术；样衣质量和检验标准细则；纸样的细节检测和页数索引等诸多新内容，本书更适合于有一定打板经验的朋友作为参考用书。

鲍卫兵

目　　录

第一章 服装工业化生产基础知识

第一节 最新服装常用术语名词解释

服装常用术语有很多是从粤语中音译过来的,也有是从英文中音译过来的,这里收集了一些比较新颖的术语,供读者参考。

名称	解 释
布封	外贸服装常用语,即布料的宽度,也称幅宽
宽幅	指比较宽的面料,相对于窄幅,有的面料有两种宽度,分宽幅面料和窄幅面料
起吊	指服装穿着后向上吊起的现象
起浪	指衣摆或者边缘部位出现波浪的现象
起山	指裙腰或者裤腰的拉链上端位置拱起的现象
折光	指将裁片布边折叠成整齐的边缘
风琴位	通常指里布可伸缩的折叠,像风琴一样结构的部位
风琴条	指形成风琴结构的窄条裁片
运返	指卷边
吃角	排料术语,指裁片的尖角部位可以和其它相邻的裁片少量重叠
即边条	也称唧边条,指镶嵌的捆条
唛架	即排料图,指多个件数展开后排在一张纸上的排料方式
埋夹	指拼合侧缝和袖底缝,现在有一直埋夹机,可以一次性完成包缝的缝纫工艺
肩棉	即垫肩
小肩	即肩缝。小肩长,即肩缝的长度
本色布	也称本身布,指和衣身相同的布料
急钮	即四合扣
底筒	即底层的门襟
翻单	即首次批量生产之后的每次重复生产都称为翻单
通码	即不同码的样片,局部的距离是相同的
吓数	指毛衫的针数结构设计图
哈苏	指针织服装缝制的一种线迹
撞色	南方方言,撞色是指不同于主面料的颜色,而"配色"是指和主色相同或相近的颜色
折光	折成光边的简称,通常是指下摆和袖口折叠一条边
环口运返	指下摆或者袖口等部位卷边
企领	即分上、下领的衬衫领,也包括上下相连的衬衫领
散口	指衣服的下摆,或者是袖口、脚口不经过如何处理,自然松散
过底/过面	指缝纫或者手工操作时,可以(要求,允许)穿透底层布或者面层布料,反之就是不过底和不过面
配片	也称换片,指在操作过程中,发现某个衣片有瑕疵而不能使用,需要单独裁剪一片把它替换掉
重工	指比较复杂、比较费时费工的工艺处理,如整件绣花
号型	服装尺寸和规格的表示方法
基码	基础码的基础,工业化服装生产以基码为准,其它码在此基础上放缩
错码	指分包、领取、运输、书写编号等环节导致码数错乱的现象

第二节　当前我国服装行业的发展趋势

早在十多年前,笔者在蛇口一家服装公司工作时,一个季度只开发了 30 个款,而有的只需要改变一下绣花图形就成了新款;而现在一个月开发 30 个新款,一个季度开发 90 个新款,款式多了,首单批量生产的数量却越来越少,通常是 100 件至 200 件,有时仅几十件。也就是说,无论公司还是客户下订单都变得谨慎,总的趋势就是款式变化快,订单数量少,货期时间变短。

第三节　关于服装码数的表示方法

在实际工作中,我们常常遇到不同的服装码数表示方法,比如有的客户以 S－M－L 来表示,有的客户以 2－4－6 来表示,还有的客户以 36－40－42。这常常使人无所适从,为什么会出现这种情况呢?这是由于我国的服装生产常常参照国外的规格设置和码数表示方法,而不同国家和地区的码数表示方法是各不相同的。

其中特别需要注意的是:最常见的 S－M－L 表示方式其实是日本的服装码数表示方法,我国的服装码数表示方法是以"号型"来表示的。

我国 1998 年发布的经过修改后的最新服装号型系列,就是目前使用的 GB/T1335—97 女子服装号型。这里的"号"指人体身高,都是以厘米为单位,是设计和选购服装的长度依据,"型"指人体的胸围和腰围,是设计和选购服装围度的依据。

我国的服装号型还根据人体净胸围和腰围的差数,把人体分为四种不同的体型,代号分别为:Y,A,B,C,详见下表。

女子体型	Y	A	B	C
胸腰差	24～19	18～14	13～9	8～4

成年女子中间体为上衣 160/84A,下装为 160/68A;这种方式在我国北方地区使用比较普及。其中 160 表示身高,88 和 84 表示胸围净尺寸,下装中的 68 表示腰围净尺寸。

A 表示正常体型。

在国家标准的《服装号型》中,身高均以 5cm 分档,胸围以 4cm 分档,下装腰围以 2cm 或者 3cm 来分档,即身高与净胸围搭配组成 5.4 系列和 5.3 系列,身高与净腰围搭配组成 5.2 系列和 5.3 系列。

由此我们应该知道:

服装号型是人体的高度和围度的净尺寸;

服装规格是根据具体的款式和风格,加入了相应的放松量的尺寸;

而服装号型已经为我们设置了符合我国国情的总体档差。

2－4－6 是引用了美国童装号型的表示方法,也有把它使用在成年女装上。

只是国外的号型分的很细,有很多个码数,我国引用的时候常常是经过简化的,只取了中间标准码和相邻的大一号和小一号,少数情况下也会有大两号和小两号的情况出现。

36－40－42 是美国妇女规格的表示方法;

另外,英国的女装号型表示方法为 8－10－12－14－16－18－20－22－24－26－28－30,中间码为 16 码。

由于当前服装市场有较多的外单尾货批发、欧美代购和港澳台客人消费习惯的差别,这几种情况都有可能出现,在服装设计、生产和打板中要注意区别对待。

第四节　总体尺寸与细节尺寸

在尺寸要求方面,过去只需要一个胸围尺寸,就能推算出其它几个主要部位的尺寸,而现在需要测量的部位非常多,有的需要多达几十个部位的尺寸,即尺寸要求越来越精密,图1—1~图1—3为上衣、裙子和裤子的测量部位示意图和名称。

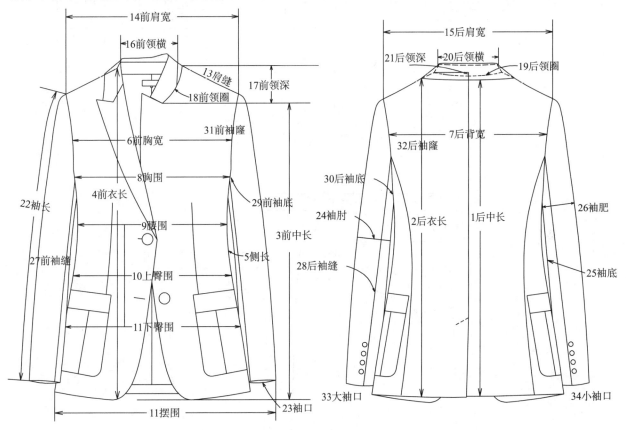

1	后中长	10	上臀围	19	后领圈	28	后袖缝
2	后衣长	11	下臀围	20	后领横	29	前袖底
3	前中长	12	摆围	21	后领深	30	后袖底
4	前衣长	13	肩缝	22	袖长	31	前袖窿
5	侧长	14	前肩宽	23	袖口	32	后袖窿
6	前胸宽	15	后肩宽	24	袖肘	33	大袖口
7	后背宽	16	前领横	25	袖底	34	小袖口
8	胸围	17	前领深	26	袖肥		
9	腰围	18	前领圈	27	前袖缝		

图1—1

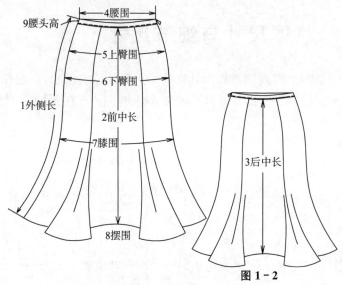

1	外侧长	6	下臀围
2	前中长	7	膝围
3	后中长	8	摆围
4	腰围	9	腰头高
5	上臀围		

图 1－2

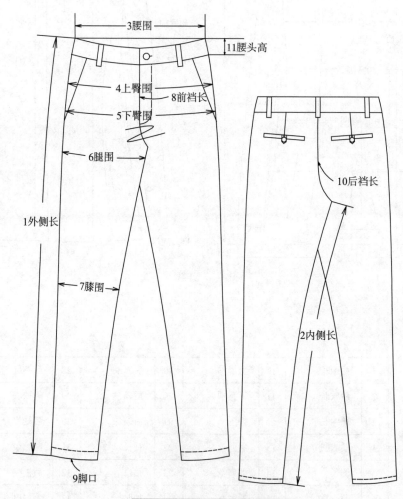

1	外侧长	7	膝围
2	内侧长	8	脚口
3	腰围	9	前裆长
4	上臀围	10	后裆长
5	下臀围	11	腰头高
6	腿围		

图 1－3

第五节 针对不同客户的测量方式

平铺测量和折叠测量

由于女装上衣款式通常都有胸省,虽然很多款式的胸省经过省位转移处理后并不能明显的看出来,但是,胸省量还是存在的。有胸省的款式平铺是不平服的(图1-4),只有把它从胸围线处折叠起来,才能够更精确的测量出胸围尺寸,因此很多公司的胸围测量方式是折叠测量的见图1-5。

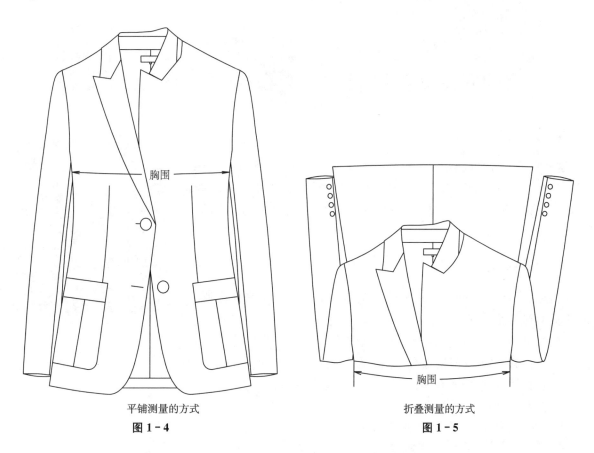

平铺测量的方式
图 1-4

折叠测量的方式
图 1-5

第六节 服装新材料

1. 卷边鱼刺条

也称"卷边专家",主要用于衬衫和连衣裙等卷边。使用方法是把鱼刺条从中间剪开,然后撕掉两根竖向的棉纱,接着顶住布边,就可以一次性卷边,完成后把鱼刺拉开就可以了,卷边角刺条可以反复使用(图1-6)。

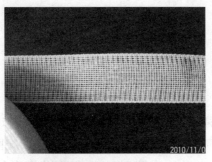
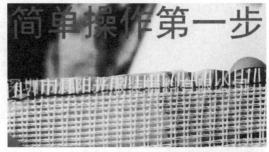

图1-6

2. 防静电喷剂

这种喷剂成分是抗静电高分子聚合物,使用时喷涂于衣服、布料或者其它物体表面后,能形成极薄的透明膜,提供永久的静电耗散功能,能有效地消除静电的集聚,防止静电产生干扰及吸附的现象,并且无毒、无污染(图1-7)。

3. 衬的种类

衬料是服装的支撑骨架,衬料的发明给工业化生产带来极大的方便,常见的衬料品种有:

图1-7

纸衬:价格便宜,但是比较容易破损(图1-8);

针织衬:有一定的弹性,适合于高档服装和针织服装使用(图1-9);

真丝衬:比较薄,四面有弹性,适合真丝服装使用(图1-10);

硬衬:厚而硬,适合特殊要求的服装(图1-11);

无纺衬:没有黏合的熔胶颗粒,适合棉衣和羽绒服用来隔开棉花和绒毛使用(图1-12)。

图1-8   图1-9   图1-10

图1-11   图1-12

4. 水银笔

一种可以用水就可以擦去痕迹的新型点位笔(图1-13)。

5. 服装厂专用纸(牛皮纸、白板纸、打板纸、唛架纸)

现代服装厂专用纸已经有非常专业的分类。常见的有电脑唛架纸,电脑鸡皮纸,电脑黄、白牛皮纸,拷贝纸,衬衫长纸板和纸领条,裁床手工绘图纸等(图1-14)。

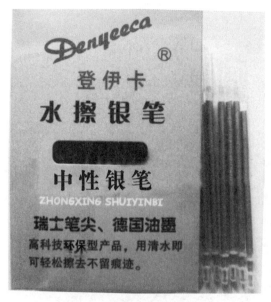

图1-13

图1-14

6. 超宽魔术贴

超宽魔术贴最大宽度可达30cm,可用于运动服、登山服等特种服装,还可以用于做成烫台的垫子,这样可以防止把丝绒布料的绒毛烫倒(图1-15)。

7. 制衣厂专用胶板

这种胶板具有不变形、不缩水、不导热及可以随意剪切的特点,适用于做包烫的实样(净样)(图1-16)。

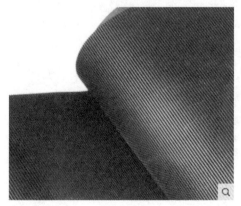

图1-15

图1-16

第七节　服装制作新设备和新工艺

1. 翻领机(图 1 - 17)

2. 热切机(图 1 - 18)

3. 打条机(图 1 - 19)

4. 直切刀车(图 1 - 20)和横切刀车(图 1 - 21)

5. 冚车和拉筒(图 1 - 22)

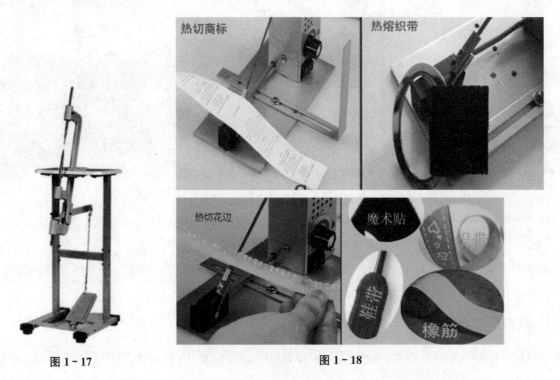

图 1 - 17

图 1 - 18

图 1 - 19

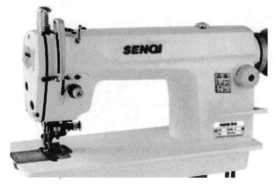

图 1 - 20

图 1 - 21

图 1 - 22

6. 对丝

对丝是一种处理布边的方式,它不会像卷边一样产生变厚变硬的现象,是采用对丝机从需要对丝的标注线迹处缉过去,再从中间剪开即可。因此,对丝部位在绘制纸样时要留 1cm 缝边,并用普通缝纫机缉一条线迹,然后交给有对丝设备的特种工艺厂即可。如果是批量的对丝,也可以不用缉线,直接把样衣、纸样和布料交给特种工艺厂即可。

注意:对丝的纸样需要留 1cm 缝边宽度,并且要尽量采用直纱方向,这样完成的效果比较顺直,不容易变形(图 1 - 23)。对丝部位要用普通缝纫机缉线(图 1 - 24)。对丝设备见图 1 - 25。

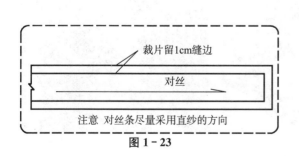

裁片留1cm缝边

对丝

注意 对丝条尽量采用直纱的方向

图 1 - 23

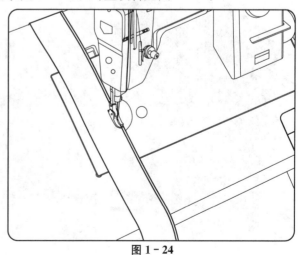

图 1 - 24

图 1 - 25

批量对丝不需要留缝边,只需要把布料和纸样交给对丝的工厂即可(图1-26)。图1-27为完成对丝后的效果。

图 1 - 26   图 1 - 27

7. 数码印花

数码印花最早出现在20世纪90年代,它借助数码技术进行印花,效果强烈。不仅缩短了以往图案设计的工艺流程,也降低了成本,同时可以小批量生产(图1-28)。

图 1 - 28

8. 激光雕花

激光雕花技术最早出现在20世纪70年代,它运用激光雕花镂空雕刻机,按照电脑雕版对面料进行激光雕花镂空,目前在服装设计中应用也很广泛。它适合在各种皮革料和较厚的布料上进行(图1-29)。

图1-29

9. 水溶花边

水溶花边是刺绣花边中的一大类,它以水溶性非织造布为底布,用黏胶长丝作绣花线,通过电脑平极刺绣机绣在底布上,再经热水处理使水溶性非织造底布溶化,留下有立体感的花边(图1-30)。

10. 镭射烧花

镭射烧花是采用激光布料切割机,只需要把要裁剪的图案及尺寸输入电脑,经过排版软件的精确计算,切割机就会把整张的材料裁剪成您所需要的形状和图案成品,不需要传统的刀具和模具,利用激光实现非接触式加工,能够简便快捷地完成工作(图1-31)。

图1-30

图 1-31

11. 模板缝纫机

模板缝纫机是一种利用模板技术与有滚轮压脚的缝纫机结合起来,可以使工序简单化,统一化,可以运用到开袋、做领、装挂面、羽绒服行绒线、各种花型的行棉线迹等多数工序。

这种模板是由两块透明的塑胶板用牛皮胶纸黏合,可打开,也可以合并起来,布料夹在这两层塑胶板之间,可以调节布料面层和底层的吃势,塑胶板上的运行轨迹由专业的电脑激光切割机切割成,模板缝纫机主要是长臂机(图 1-32),也可以把普通缝纫机进行技术改造,主要是利用专业模板压脚、针板对缝纫机进行二次改良,就可以进行模板缝制了(图 1-33)。

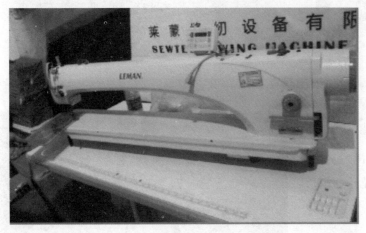

图 1-32

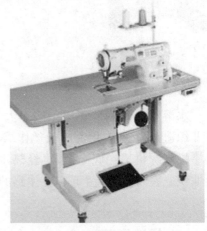

图 1-33

全自动模板缝纫机是结合服装模板 CAD 软件、服装模板以及先进的数控技术进行全自动应用模板生产,提升了生产效率和产品品质,降低了对技术工人的技术要求,用自动化程度更高的电脑控制的机器代替原有的人工操作的缝纫机,减少对高技能人员的依赖程度,在保证品质的同时,解决产业工人用工短缺与技能缺陷问题,全自动化的完成服装缝制,促进服装模板工艺整理流水线化。

现在各地都有模板代加工的公司,可以为小规模的服装公司做各种不同需求的模板,全自动模板缝纫机的设备成本比较高,适合于有一定规模,生产数量比较多的服装公司购买和使用(图 1-34、图 1-35)。

图 1 - 34

图 1 - 35

12. 自动激光裁床

在传统的手工裁剪中,最常遇到的问题是手误,同时手工裁剪时最难以保证的是精确度,如果是大批量、多层数的裁剪任务,其上下层尺寸误差等后果将会导致整个生产工序被延长,还会影响到同期产品的总体质量。

由于手工裁剪不可避免的误差,检验和修正工序导致人工成本增加,在增加中小服装企业的经营成本的同时,也严重影响产品质量。

自动裁剪系统对面料的节约,也是企业不可忽视的因素。在直观的可操作的电脑排料后,第一次节料已经形成;自动裁剪系统的零误差使整个裁剪工作再一次节省大量的布料,当企业最大限度、最高效率的应用布料,企业的成本相应得到了降低。

在小批量、短周期、高精度的生产订单中,自动裁剪系统在资料参阅等方面尤为便捷,为企业应付快速生产提供了迅捷的帮助。

使用自动裁剪系统时,车间里不再是繁杂的景象,而是井井有条的流水管理。改善了工作的环境,提升了工作速度,也美化了车间的形象。

传统裁剪过程的生产现场,裁剪车间和缝制车间的矛盾是长期存在的,利用自动裁剪系统便能有效的对资源进行统筹分配,有效减少部门间的矛盾冲突。

裁剪环节的改进,保证了缝制等环节的供给,也保证了其他各部门的正常运作,可以提高企业的综合效率(图 1 - 36)。

随着科学技术的发展和在服装生产中的应用,各种新材料、新工艺、新设备和新技术会不断推出,本书仅仅整理了很少的部分。更多的知识需要我们保持善于学习心态,不断总结积累才能够了解和掌握。

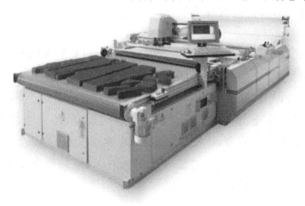

图 1 - 36

第二章　基本型

第一节　细化基型

基本型也称原型,母型,我们这个文本中之所以称为基本型,主要是和日本文化式原型区别开来。日本文化式原型是由日本女子文化学院通过采集大量的人体数据,经过综合研究得到的原型,这种原型又经过多次的改良,出现了一代原型,二代原型……乃至于七代、八代原型,原型裁剪法操作原理是用硬纸板做成一个基本原型(图2-1)。再根据具体的款式和风格,在这个原型上进行适当的加减。这种裁剪法曾经非常流行,一度在服装打板技术中占主流地位,我国的各个服装院校都在教授这种方法。而实际上作者发现,在我国不论南方还是北方,众多的服装公司在实际工作中却并不采用这种方法,这是一种非常矛盾的现象。

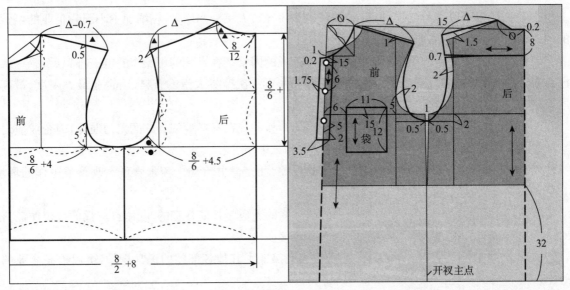

图 2-1

在上面这个结构图中,阴影部分表示原型模板,从原型基础上加减的这些小数字不方便记忆,也难以找到变化规律。实际工作中,我们只有在少数比较夸张的款式、不方便直接计算的款式中才会使用这种方法。

接着又出现的一个新问题是日本文化式原型只有一个,而服装有无数种变化,以一个原型来包含所有的款式变化,显然是不可能的,有的纸样师,所有的上衣款式,不论衬衫、西装,还是连衣裙都用同一个原型,最后的结果是做了近20年,西装的前胸的中线部位起鼓,翻折线豁开,袖窿处不服贴的问题无法解决,但是一直以来,服装界的人士都希望能发明一种万能的板型,还有服装人士希望能发明一种一个原型能适应九种不同类型的多功能原型,而实际上到目前为止还没有真正实现,我们不得不怀疑这种思路本身存在问题,在这个文本中,我们采取的是与之相反的思维,是把女装分为裙子、裤子、衬衫、连衣裙、针织衫、西装、大衣七大类型,再把每种类型的服装基本型进行细化,分成多种不同类型的基本型,用来适应服装中的各种变化。

我们现在所介绍和传授的是一种数字化打板技术,这种技术是以以标准的中码体型的数值为依据,兼容和汲取了原型法、公式裁剪法和立体裁剪法的优点,是一种比较务实、比较直接的打板方法,再结合

CAD技术,可以精确到以毫米为计算单位。

第二节 双省裙基本型

尺寸表与款式见图2-2,结构见图2-3。

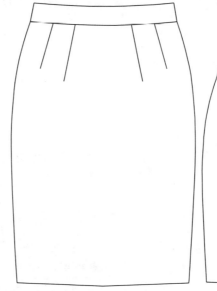
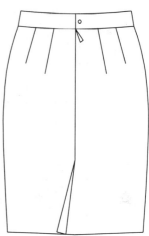

部位	测量方法	尺寸（cm）
外侧长	连腰	57
腰围		68
臀围		94
腰宽		3

图2-2

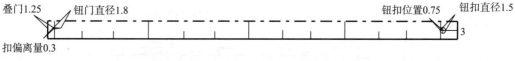

叠门1.25　　钮门直径1.8　　　　　　　　　　　　　钮扣位置0.75　　钮扣直径1.5

扣偏离量0.3

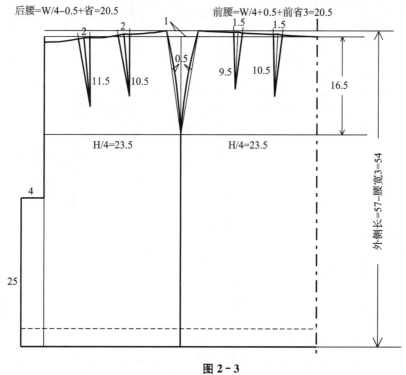

后腰=W/4-0.5+省=20.5　　　　前腰=W/4+0.5+前省3=20.5

图2-3

第三节 单省裙基本型

尺寸表与款式见图 2-4，结构见图 2-5。

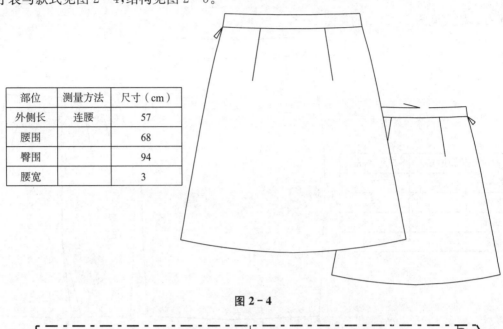

部位	测量方法	尺寸（cm）
外侧长	连腰	57
腰围		68
臀围		94
腰宽		3

图 2-4

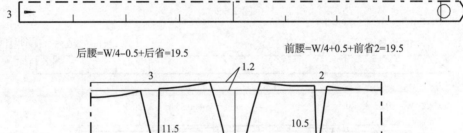

后腰=W/4−0.5+后省=19.5   前腰=W/4+0.5+前省2=19.5

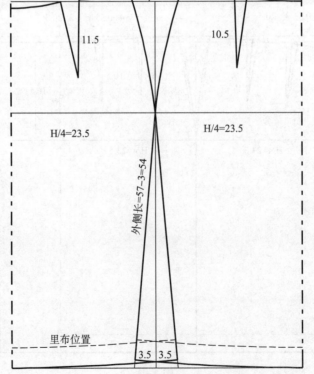

图 2-5

第四节　无省裙基本型

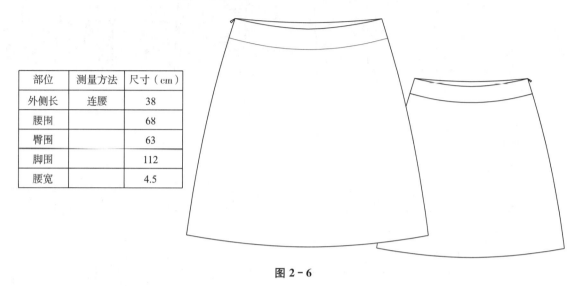

部位	测量方法	尺寸（cm）
外侧长	连腰	38
腰围		68
臀围		63
脚围		112
腰宽		4.5

图 2 - 6

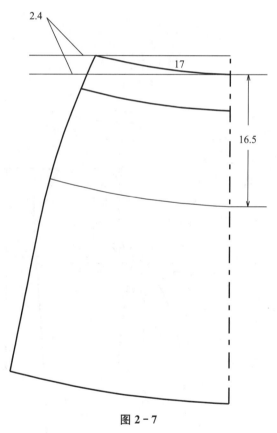

图 2 - 7

第五节　无弹力女长裤基本型

尺寸表与款式见图 2-8,结构见图 2-9,完整裁片见图 2-10。

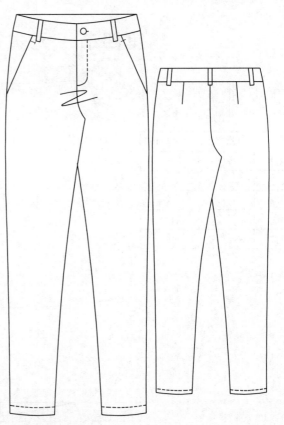

部位	测量方法	单位：cm
外长	连腰	95
内长		68.8
腰围		76
臀围		94
腿宽		60
膝围		41.5
脚围		32.5
前裆	不连腰	22
后裆		33.5

图 2 - 8

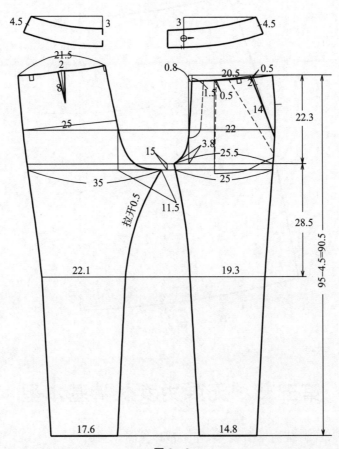

图 2 - 9

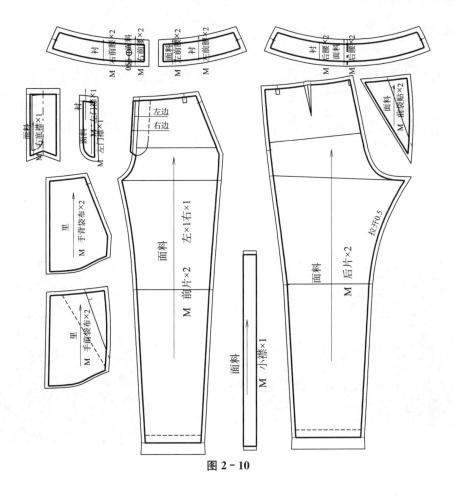

图 2 - 10

本款要点分析：

内圆与外圆的差数

由于服装面料的厚度不同,很多部位存在内圆和外圆的差数现象,例如裤腰的外圆长度和内圆长度是不一样的(图 2 - 11)。

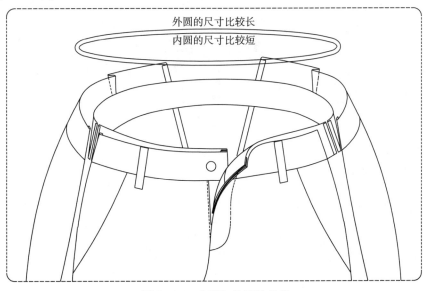

图 2 - 11 内圆与外圆的差数

口袋也存在这种现象

前袋(前斜袋和前圆袋)和后贴袋都存在这种现象,那么我们在前袋定位和钉后袋的时候,都不要使袋口过于平服,而是要保留 0.5cm 左右的松量(图 2-12、图 2-13)。

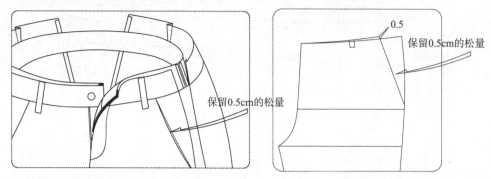

图 2-12

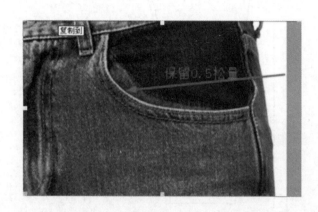
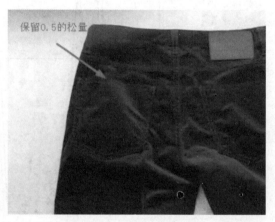

图 2-13

第六节　无腰省衬衣基本型和一片袖

尺寸表与款式见图 2-14,结构见图 2-15,完整裁片见图 2-16。

部位	测量方法	单位:cm
后中长		66
胸围		92
腰围		83
摆围		98
肩宽		38
袖长		59
袖口		18.5
袖肥		33
袖窿		44.5

图 2-14

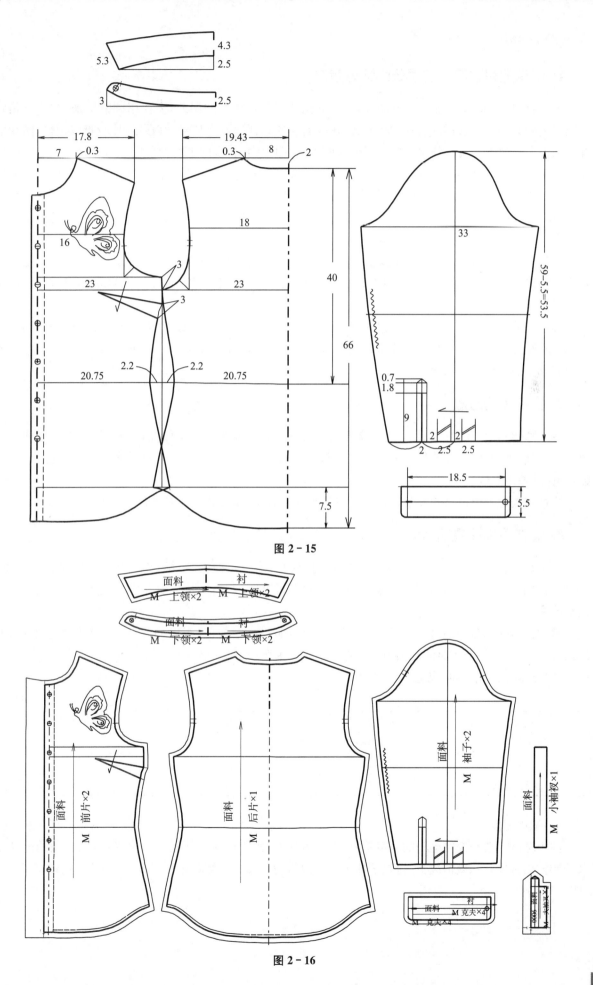

图 2 - 15

图 2 - 16

本款要点分析：

1. 前胸宽和后背宽的百分比计算方法

过去我国都是以十分比来计算的,但是十分比计算存在很大的误差,需要用调节量来调节,于是就出现了例如 B/10+3 这样的公式,这个公式里面有英文,有除号,有加号,有数字,比较难以记忆,给初学者带来很大的障碍。而百分比是把胸围分成两等分,即半胸围,再把半胸围分成一百等分(注意:胸围尺寸不包含省去量),那么每一等分的数值就很小,再乘以百分比比例值就不需要加调节量,如后背宽的比值为 38,(写作 38%),胸围是 92cm,就是用 0.46×38=17.48cm,同样的原理,前胸宽比值为 36,(写作 36%)就是 0.46×36=16.56cm,而读者朋友只需要记住 38 和 36 这两个数值就可以了,真正达到了数字化,不需要公式,达到了方便快捷的效果。

在实际工作中,我们发现:前胸宽的比值 36 和后背宽的比值 38 并不是一成不变的,可以根据实际款式和客户要求进行少量的、适当的调节,通常是前胸宽可以调窄一些,如减少至 34.5,后背宽可以调宽一些,如 39。

其它的部位也可以这样来推算它的百分比,可以用十分比的结果或者实际长度除以百分比的等分数,例如,经过板型调节和修正后的前胸宽为 16.3cm,就用 16.3 除以 0.47=34.6,那么这个 34.6 就是当前的前胸宽的百分比的比值了。

2. 画袖子的方法

每位师傅画袖子的方法都不一样,常见的方法是先确定袖肥或者袖山高这两个部位中的任何一个数值,再以前、后袖窿弧线的长度减去一定的调节量,画好袖山和袖肥的三角形连线,然后设定相关参数,再连顺袖山曲线。

这种方法适合于衬衫和外套,这种袖子穿着舒适,活动机能比较大,但是合体效果不够。

3. 怎样使袖子更加合体

袖子是否合体美观有八个主要因素。第一是袖肥,第二是袖山高,第三是吃势,第四是袖山宽度,(指袖山顶端向下 7.5cm 处,测量的宽度)第五是袖子前弯程度,第六是装袖方法,第七是刀口位置,第八是裁剪误差。

其中:(1)袖肥和袖山只能控制一个,当然也可以假设一个数值,再以另外一个数值作为参考,来测试调节,最后确定一个有足够高袖山高和宽度适中的袖肥。

(2) 袖窿、袖山高和吃势量的参考尺寸

单位:cm

款式	袖窿尺寸	袖山高度	吃势量(总量)
弹力针织衫	38～41	9～13	0～0.5
衬衫	45	13～15	1
西装,制服	46	15—16.5	2～4

(3)袖山宽度

袖山宽度主要是控制袖山的宽窄形状,我们在袖山顶端下 5cm 处画一条水平线,以这条线的长度来控制袖山宽度。一般情况下,衬衫的袖山宽度数值为 13.5cm,西装类为 14.5cm,特殊款式将有所变化(图 2-17)。

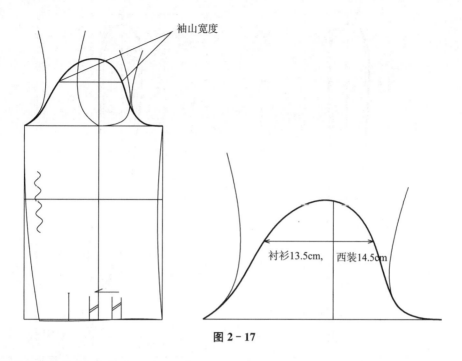

图 2 - 17

4. 袖底和袖窿底相吻合(图 2 - 18)

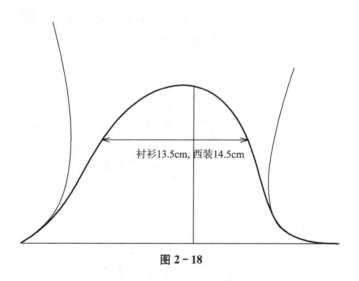

图 2 - 18

　　其实不论哪一种袖子,都不是一步裁到位的,因为影响袖子美观程度的除了袖肥尺寸、袖山高度、吃势量和袖山宽度外还有袖子前弯程度、装袖方法、刀口位置、裁剪误差等其它因素。这些因素不是一成不变的,需要在实际工作中针对不同的款式不同的要求,通过多次调节来达到更好的效果。

5. 一片袖怎样调整倾斜度

　　通常我们绘制的一片袖是比较直的状态(图 2 - 19)。由于人体手臂是有所向前倾斜的,所以制作比较合体的款式需要调整袖子的向前的倾斜度(图 2 - 20)。

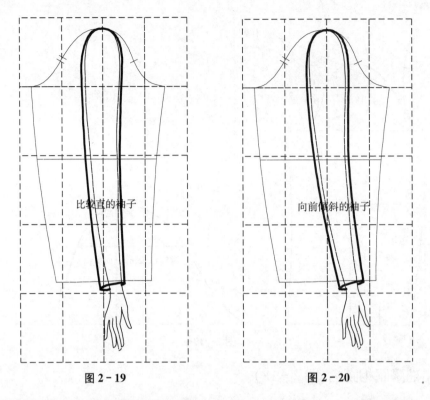

图 2 - 19 比较直的袖子

图 2 - 20 向前倾斜的袖子

一片袖的倾斜程度和袖山顶端的刀口位置有密切关系,如果希望袖子向前倾斜,可以把袖山刀口向前移动 0.5~1cm,其它各刀口和线条长度都要同时调整(图 2 - 21)。注意,前移数值不要太大,不要使袖子过分倾斜,也不要改变布纹方向的角度。

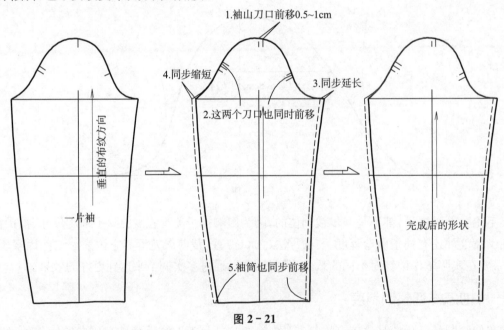

1.袖山刀口前移0.5~1cm

4.同步缩短

3.同步延长

2.这两个刀口也同时前移

垂直的布纹方向

一片袖

完成后的形状

5.袖筒也同步前移

图 2 - 21

6. 上领长度要离开前中线

即上领的长度要离开前中线 0.3cm,这样可以防止左右上领在前中抵触或者重叠而产生外观左右不对称的问题(图 2 - 22)。

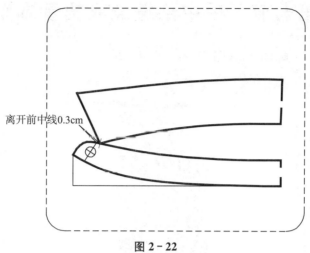

离开前中线0.3cm

图 2 - 22

7. 女衬衫扣眼位置的设置

设置女上衣的扣眼位置时,要尽量使第三个钮扣位置处于或者接近胸高点上平线,以使消费者在穿着时,前胸处不会豁开,扣眼减少时调节上端第一个扣眼和下端最下一个扣眼的位置(图 2 - 23)。

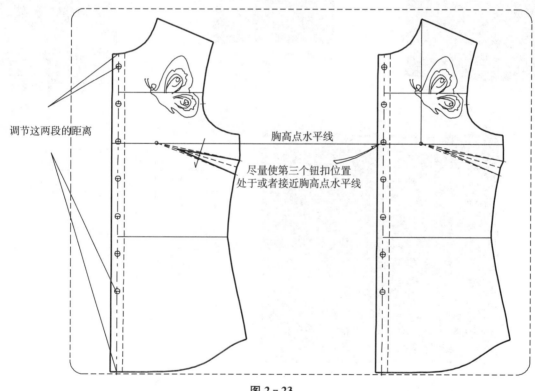

调节这两段的距离

胸高点水平线

尽量使第三个钮扣位置
处于或者接近胸高点水平线

图 2 - 23

第七节　后中剖缝连衣裙基本型

此款特点是无袖，一字领，侧开衩（图 2 - 24 ～图 2 - 26）。

图 2 - 24

部位	测量方法	尺寸(cm)
后中长		66
胸围		92
腰围		87.2
臀围		
摆围		95
肩宽		37.2
袖长		59
袖隆		43.5

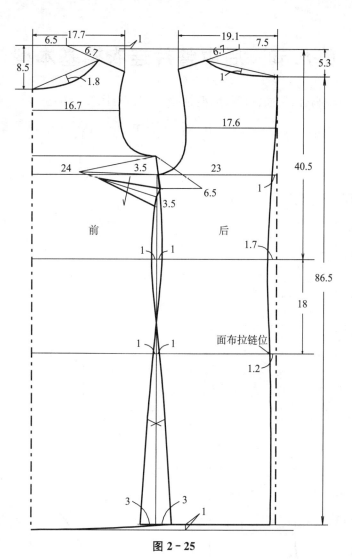

图 2 - 25

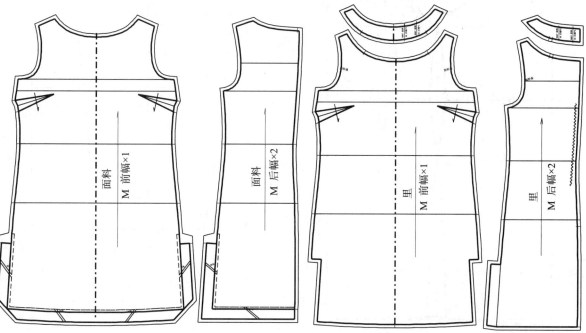

图 2 - 26

第八节　后中整片连衣裙基本型

此款特点是断腰节转胸省、长袖、包臀、船型领(图2-27～图2-29)。

部位	测量方法	尺寸(cm)
后中长		66
胸围		92
腰围		83
臀围		
摆围		98
肩宽		38
袖长		59
袖口		18.5
袖肥		33
袖隆		44.5

图2-27

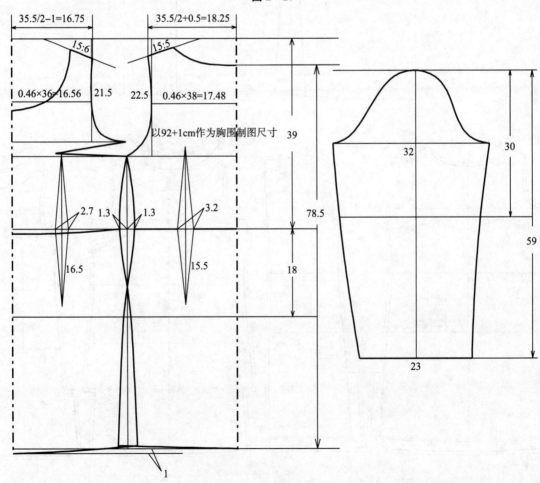

图2-28

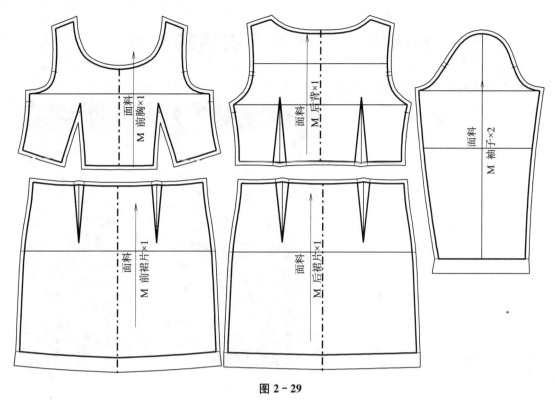

图 2－29

本款要点分析：

衣身里布的下半身的省道改成活褶

衣身里布的下半身的省道可以改成活褶，这样方便缝纫，也使里布有很大的松量。而上半身的省道不改变的原理是防止上半短里布过于放松而显得松垮（图 2－30）。

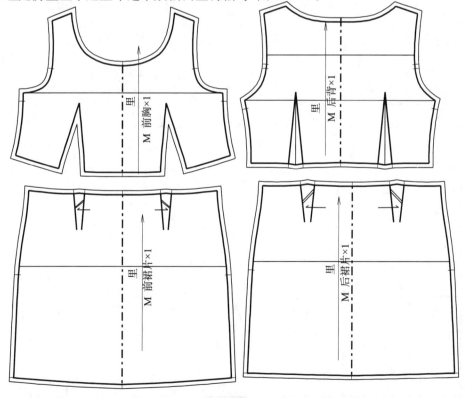

图 2－30

第九节　无胸省连衣裙基本型

尺寸表与款式见图 2-31,结构见图 2-32,完整裁片见图 2-33。

部位	测量方法	尺寸(cm)
后中长		73.2
胸围		91
腰围		78
臀围		108.5
摆围		157.5
袖口		37.7

图 2-31

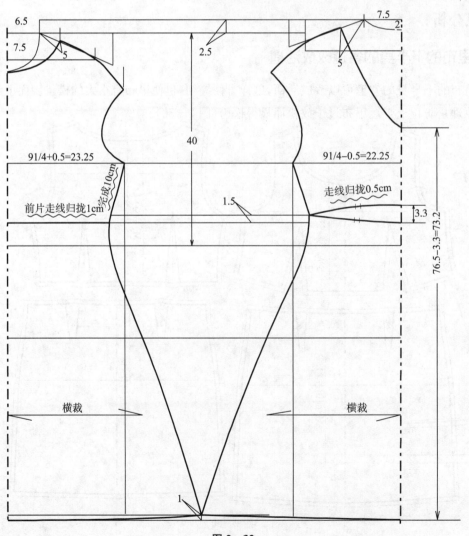

图 2-32

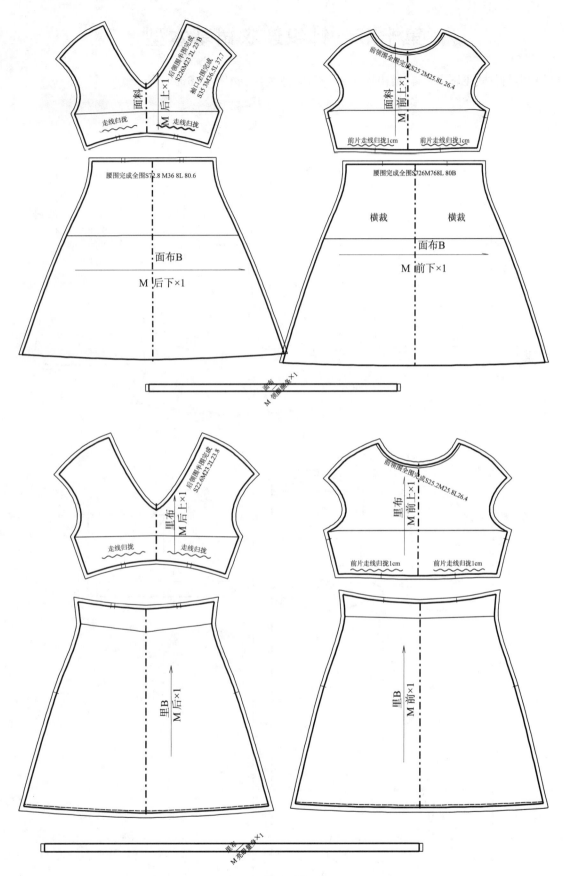

图 2 - 33

第十节　针织连衣裙基本型

尺寸表与款式见图 2 - 34,结构见图 2 - 35,完整裁片见图 2 - 36。

部位	测量方法	尺寸(cm)
后中长		83
胸围		90
腰围		101
臀围		121.5
摆围		98
肩宽		37
袖长		16
袖口		27
袖肥		28
袖窿		43

图 2 - 34

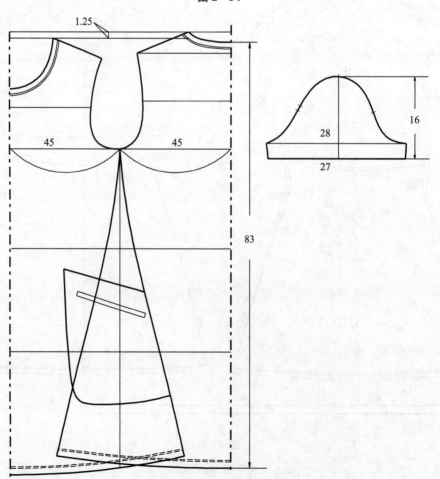

图 2 - 35

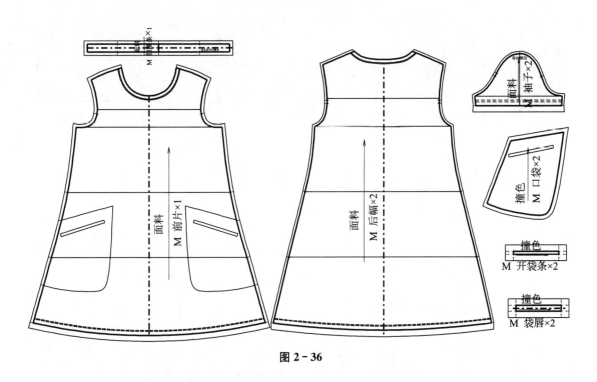

图 2-36

第十一节 四开身女西装

尺寸表与款式见图 2-37,结构见图 2-38。

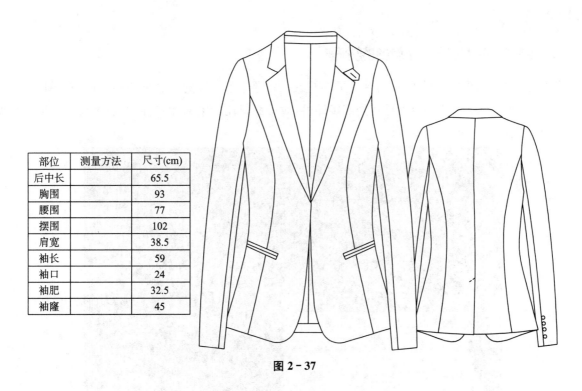

部位	测量方法	尺寸(cm)
后中长		65.5
胸围		93
腰围		77
摆围		102
肩宽		38.5
袖长		59
袖口		24
袖肥		32.5
袖隆		45

图 2-37

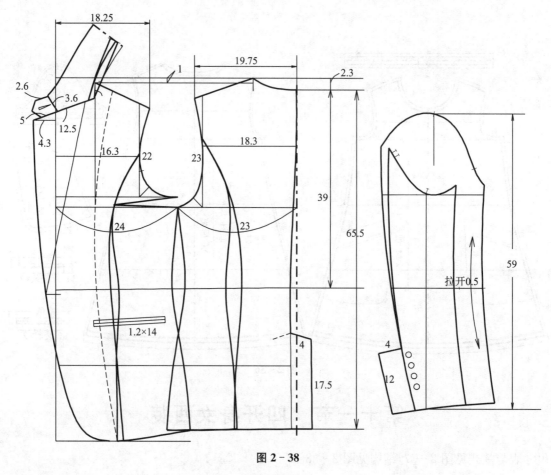

图 2 - 38

本款要点分析：

1. 公主缝前后线条长度差数的处理

公主缝相拼合的两个线条常常会有少量的差数。处理这个差数的方法有两种，对于有弹性的疏松面料，只要把长的线条在胸高点和后背处归拢即可，对于面料比较紧密无弹性的，需把长短差数互相调节至一样长度（图 2 - 39～图 2 - 41）。

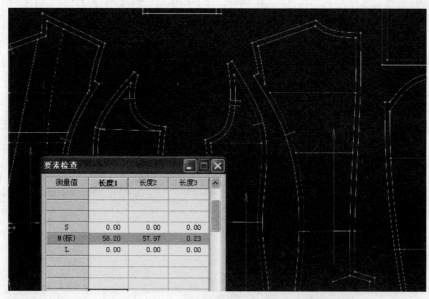

图 2 - 39

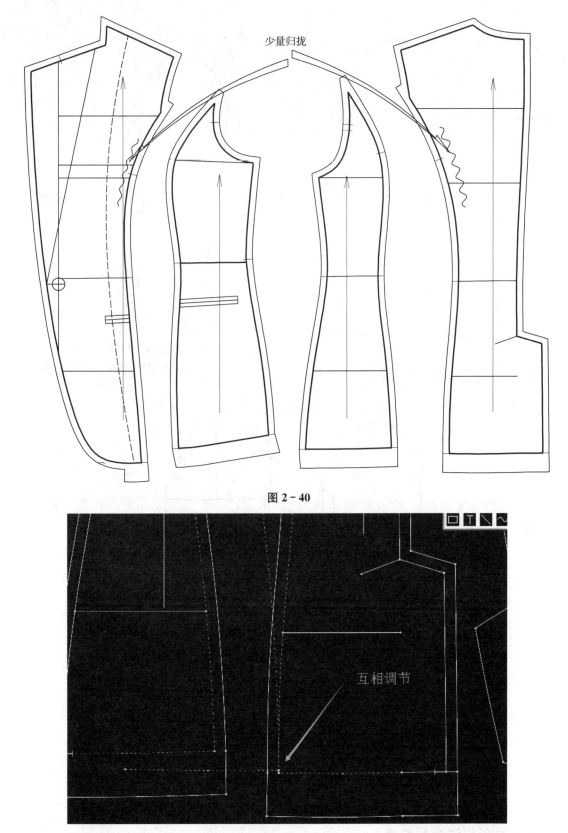

图 2-40

图 2-41

2. 西装袖

（1）大袖的前袖缝需要拔开 0.3～0.5cm（图 2-42）。

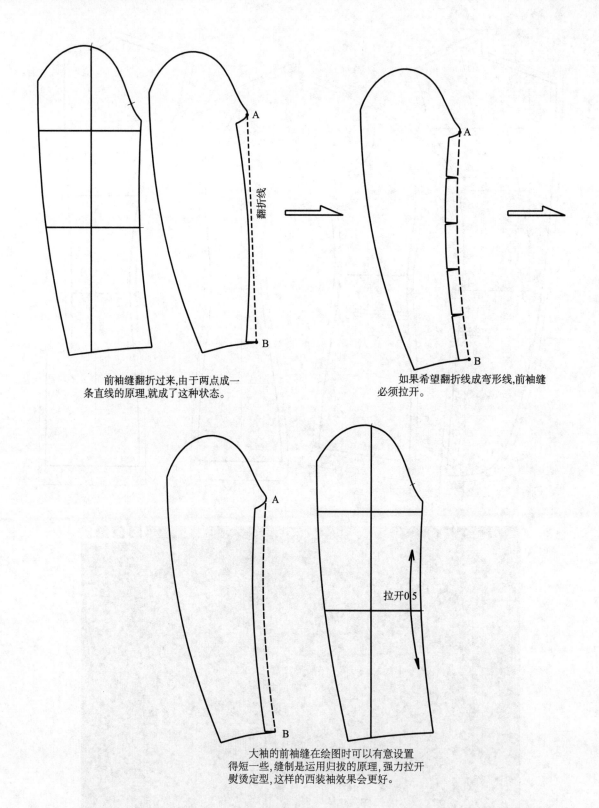

前袖缝翻折过来,由于两点成一条直线的原理,就成了这种状态。

如果希望翻折线成弯形线,前袖缝必须拉开。

拉开0.5

大袖的前袖缝在绘图时可以有意设置得短一些,缝制是运用归拔的原理,强力拉开熨烫定型,这样的西装袖效果会更好。

图 2 - 42

3. 西装袖怎样调整倾斜度

西装袖的倾斜度调整方法和一片袖的调整原理相同,也是把袖山刀口前移 0.5~1cm,其它刀口、袖山弧线长度和袖口也同步调整(图 2-43)。

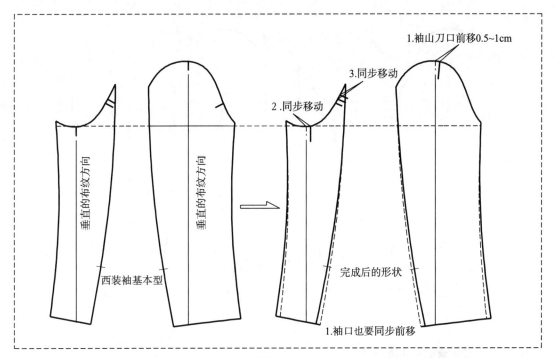

图 2 - 43

4. 西装袖怎样调整弯度

调整西装袖的弯度有两种方法,第一种是把西装袖的大、小袖口都向前拉伸 1～3cm(图 2 - 44);第二种方法是把西装袖的大小袖在袖肘部位切展 1～1.5cm(图 2 - 45)。

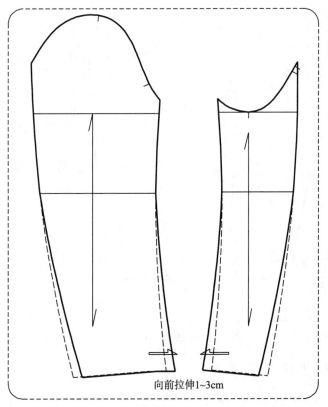

图 2 - 44

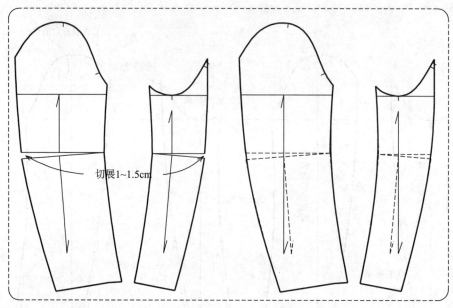

图 2－45

5. 袖口折边的调节处理

袖口折边翻转以后,就出现了内外圆差数的状态,但是这个微小的数值常常被大家所忽略而导致袖口不服贴,解决的方法是把袖口折边的四个角都根据面料厚度减少 0.15～0.25cm(图 2－46)。

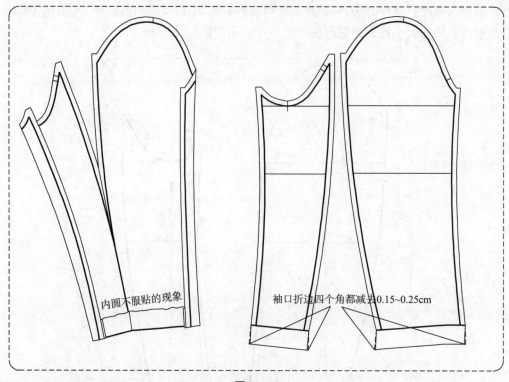

图 2－46

6. 袖口线条对接的顺直调节

袖口完成后,无论是扁形摆放还是自然悬挂,都要平直顺畅(图 2－47),可以把大、小袖口的线条对接后进行调整(图 2－48)。

不平整的袖口

平整的袖口

图 2 - 47

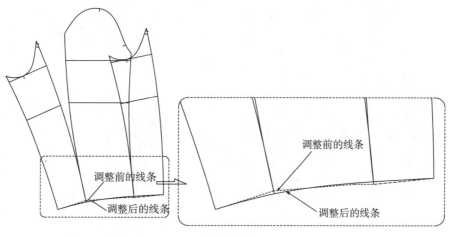

图 2 - 48

7. 袖里布加松量

袖量加松量可以达到两个目的：(1)由于袖窿底部的缝边是直立的,它占有一定的空间,袖里布的底部上移1.5cm可使面布更加平服顺畅；(2)由于里布是一些比较薄而滑的材料,如果和面布一样有2.5cm的吃势就很难缝纫,袖窿底部上移,可以同时减少里布袖山的吃势(图 2 - 49)。

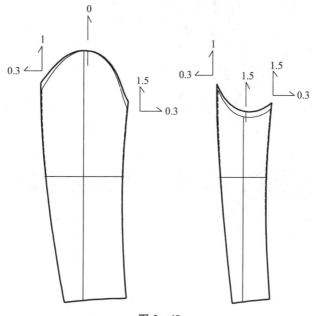

图 2 - 49

8. 怎样安装西装袖,袖底不会多布

西装袖安装完成后,要求整体到适当前倾,袖山圆顺自然,袖底没有多布,在做样衣的时候我们可以通过以下十二步来完成(图2-50),完整裁片见图2-51。

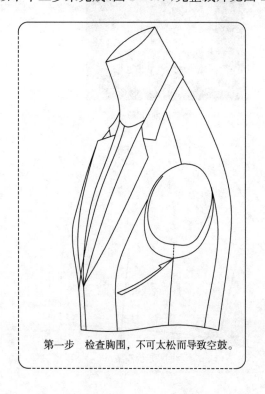

第一步　检查胸围,不可太松而导致空鼓。

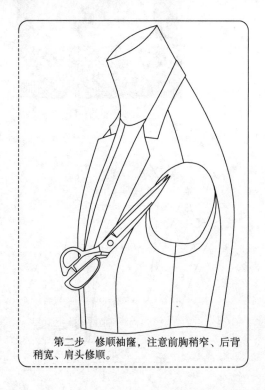

第二步　修顺袖窿,注意前胸稍窄、后背稍宽、肩头修顺。

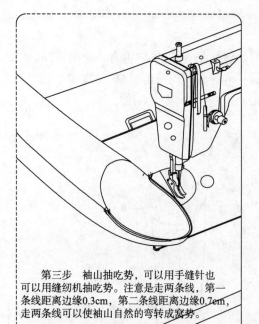

第三步　袖山抽吃势,可以用手缝针也可以用缝纫机抽吃势。注意是走两条线,第一条线距离边缘0.3cm,第二条线距离边缘0.7cm,走两条线可以使袖山自然的弯转成窝势。

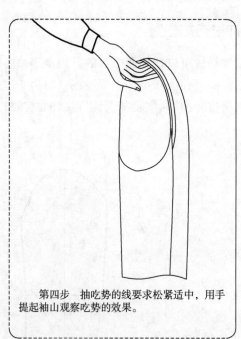

第四步　抽吃势的线要求松紧适中,用手提起袖山观察吃势的效果。

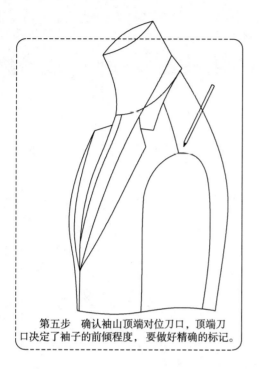

第五步 确认袖山顶端对位刀口，顶端刀口决定了袖子的前倾程度，要做好精确的标记。

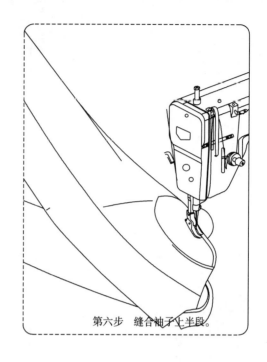

第六步 缝合袖子上半段。

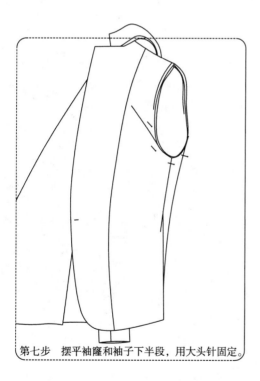

第七步 摆平袖窿和袖子下半段，用大头针固定。

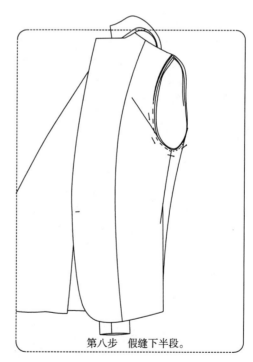

第八步 假缝下半段。

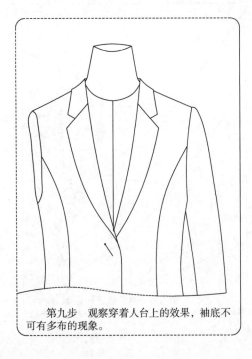

第九步　观察穿着人台上的效果，袖底不可有多布的现象。

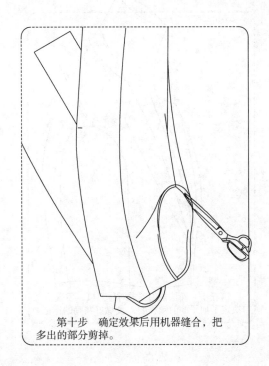

第十步　确定效果后用机器缝合，把多出的部分剪掉。

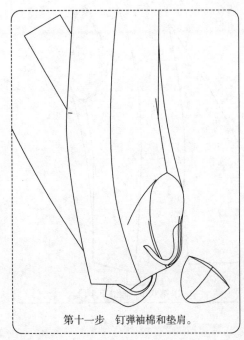

第十一步　钉弹袖棉和垫肩。

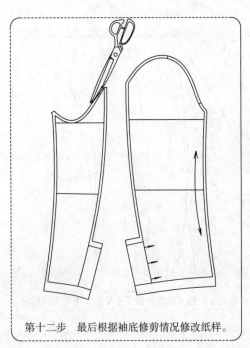

第十二步　最后根据袖底修剪情况修改纸样。

图 2 - 50

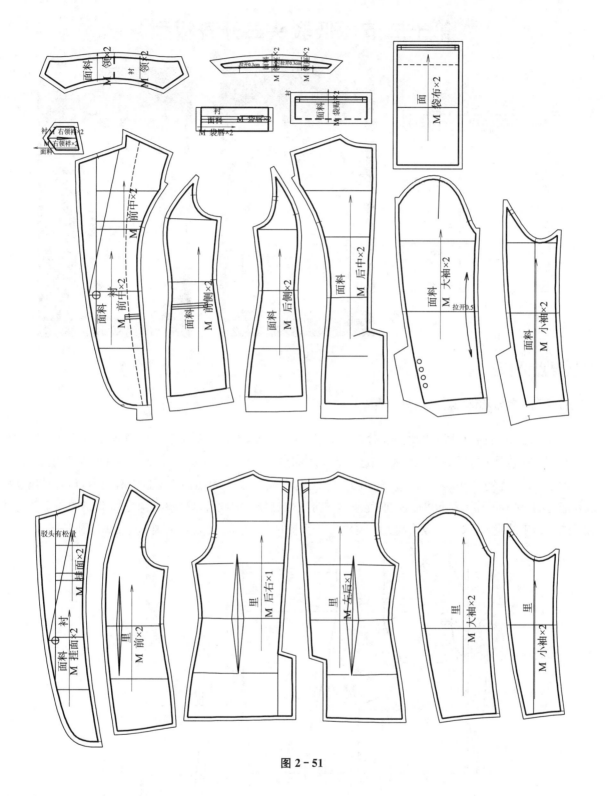

图 2－51

第十二节　低驳头三开身板型

部位	测量方法	尺寸（cm）
后中长		64
胸围		93.5
腰围		80
臀围		100.5
摆围		
肩宽		40
袖长		59
袖口		25.5
袖肥		33.5
袖隆		46

图 2－52

本款要点分析：

1. 三开身女西装基本框架

三开身是指西装半边为三片式结构的款式,男装三开身从肋下分割主要是为了便于转腹省,由于男装的放松量很大,整体结构是前低后高,没有胸省,当这种结构直接运用到女装上时,常常会出现不合体的现象(图 2-52)。

前上平线下移 1.2cm,这个 1.2cm 是由于三开身通常驳头都比较低,前胸部位没有受力点,容易出现松散和泡起的弊病,下移 1.2cm 可以使前片变窄,衣身更加贴身。因此可以理解为:劈去 1.2cm 是低驳头导致翻折线长出来的量,如果是高驳头和关门领款式可以减少这个数值,或者不需要这个处理(图 2-53)。

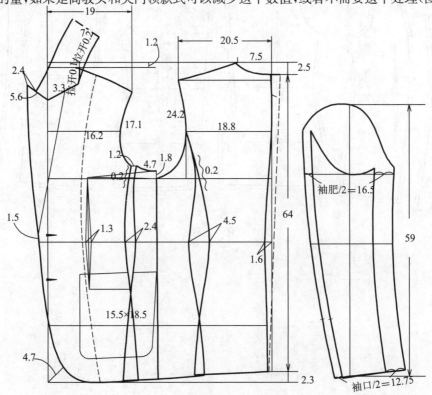

图 2－53

2. 口袋的形状(图 2 - 54)

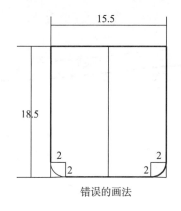 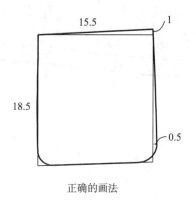

错误的画法   正确的画法

图 2 - 54

3. 驳头、领嘴和袋盖的线条形状

驳头、领嘴和袋盖这些部位的线条如果画成直线,在缝制、翻转、整烫后,这些部位就不会呈直线形状,而是呈少量内弯的形状,因此,我们在画这些部位的线条时要根据布料厚度适当外调,这样处理后完成的效果才接近直线(图 2 - 55)。

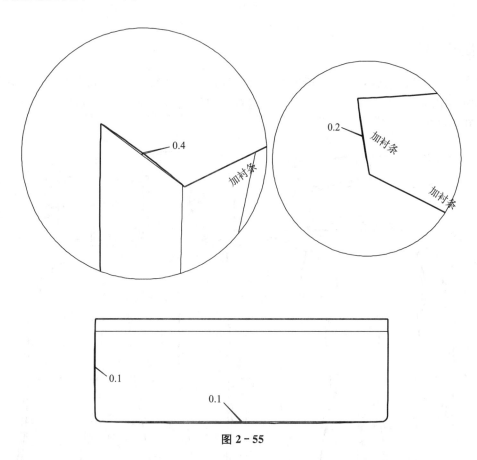

图 2 - 55

4. 领脚需要少量拉开(图 2 - 56)

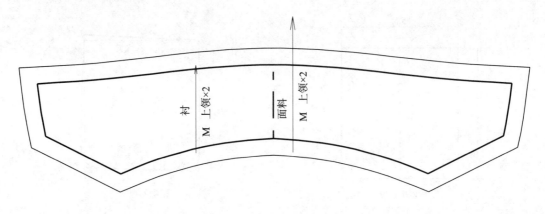

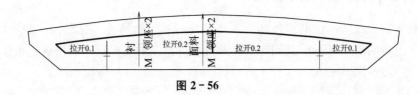

图 2 - 56

6. 门襟的造型

门襟由驳头和下摆组成,对门襟的造型要根据流行趋势来研究,这个看似简单图形,却有着对线条造型审美的很深内涵,它们之间细微的变化都表达着不同的意境。对于领型、口袋、袋盖的造型也要这样去理解(图 2 - 57)。

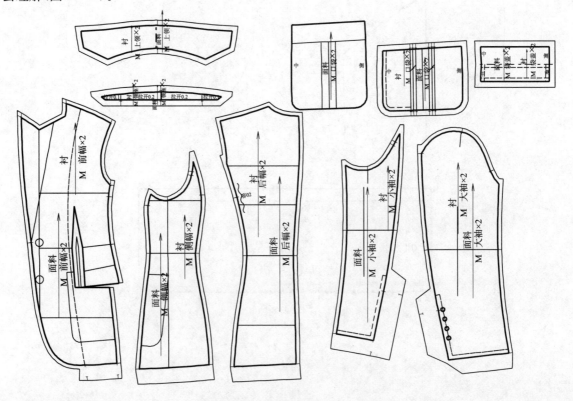

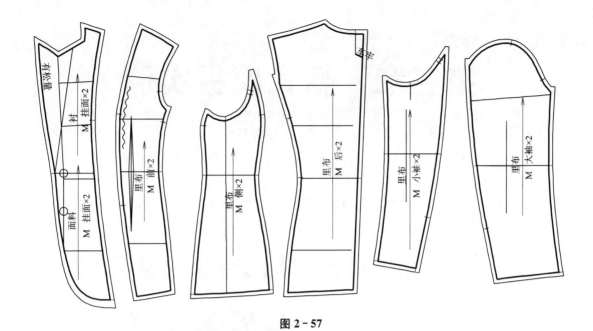

图 2 - 57

第三章 款式模板实例

在实际工作中,现代女装款式千变万化,仅仅学会基本型是远远不够的,这里收录了23款比较新颖的款式,笔者对数据进行了整理,使这些款式成为模板,供大家在工作中作为参考。

本章节收录的款式模板都是经过试制、调整和批量生产的,读者可以参考这些款式的尺寸设置、结构图形和裁片形状,但是如果要拷贝或者借用,需要加入适当的缩水数值。

第一节 定向褶裙子款式和模板

部位	测量方法	尺寸(cm)
外侧长	(连腰)	51
腰围		68
臀围		94
下摆		257
腰宽		4

图 3-1 尺寸表与款式图

本款重点分析:

这款短裙的下摆为起波浪形状,在打板的时候,两侧尽量不要起浪,不要简单的理解为裙片为扇形,而是通过裙片的上口周长来平均分配起浪的数量,并通过裙片线条画出折角的形状使波浪固定在所需要的位置(图3-1～图3-6)。

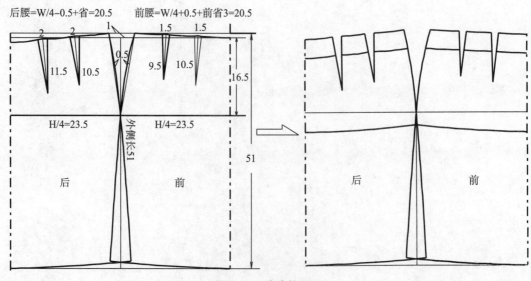

图 3-2 波浪的处理

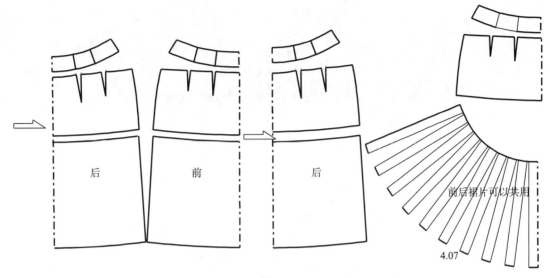

前后裙片可以共用

4.07

图 3 - 3

腰的弯度并不是一成不变,
可以适当改变。

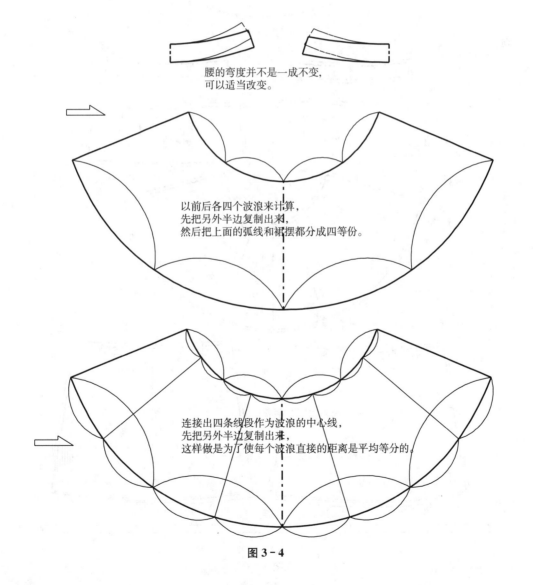

以前后各四个波浪来计算,
先把另外半边复制出来,
然后把上面的弧线和裙摆都分成四等份。

连接出四条线段作为波浪的中心线,
先把另外半边复制出来,
这样做是为了使每个波浪直接的距离是平均等分的。

图 3 - 4

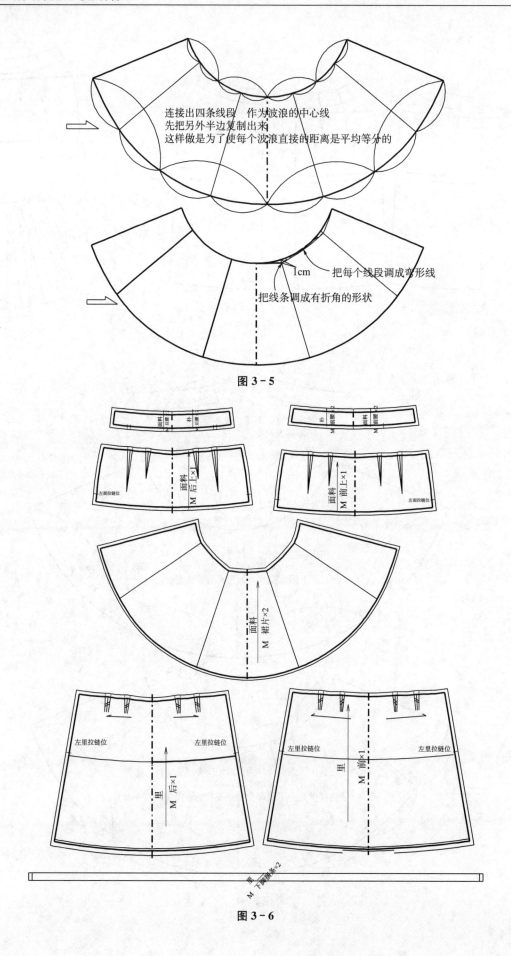

连接出四条线段，作为波浪的中心线
先把另外半边复制出来
这样做是为了使每个波浪直接的距离是平均等分的

1cm 把每个线段调成弯形线

把线条调成有折角的形状

图 3 - 5

图 3 - 6

第二节　三款短裤款式和模板

1. 少女弹力紧身短裤

此款适用于有弹力的布料,适合于比较年轻的女子穿着。特点是低腰的程度比较明显,裤长、前裆和后裆都比较短,脚口毛边(图3-7～图3-10)。

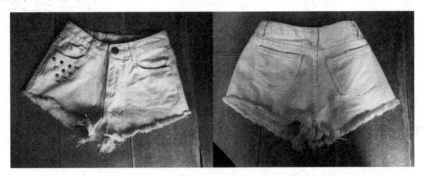

图3-7

部位	测量方法	尺寸(cm)
外侧长	(连腰)	24
内长		4
腰围		68
腰宽		4
臀围		89
脚口		56
前裆	(连腰)	24.5
后裆		34.5

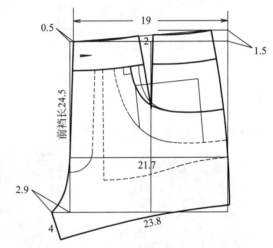

图3-8

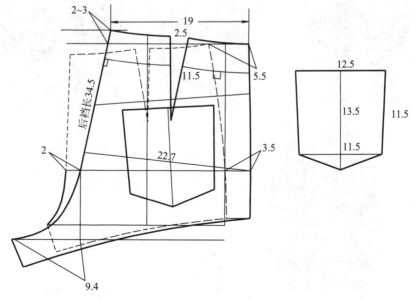

图3-9

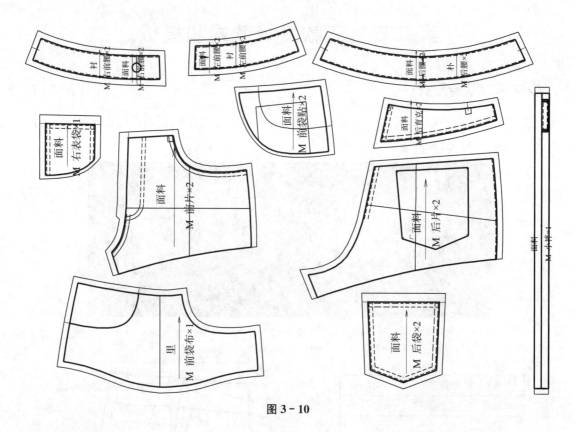

图 3 - 10

2. 合体短裤

适用于无弹力比较厚的布料,特点是尺寸要在紧身款式的基础上放大一些(图 3 - 11~图 3 - 13)。

部位	测量方法	尺寸(cm)
外侧长	（连腰）	34
腰围	（放松）	70
臀围		97
腿围		60.5
脚口		60
前裆长	（连腰）	25.5
后裆长		37

图 3 - 11

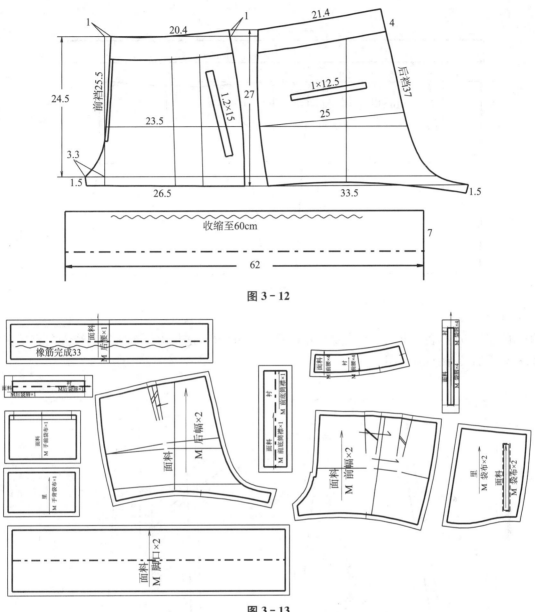

图 3-12

图 3-13

3. 宽松喇叭短裤

比较短、比较宽松、脚口很大呈喇叭形状的款式(图 3-14~图 3-15)

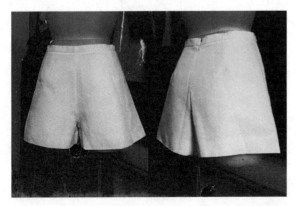

图 3-14

部位	测量方法	尺寸(cm)
外侧长	(连腰)	38.5
腰围		77
臀围		105
腿围		76
脚口		77
前裆长	(连腰)	33.5
后裆长		41

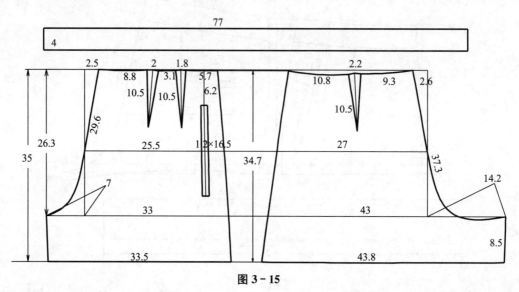

图 3 - 15

本款重点分析：

袋布的布纹方向：袋布上的布纹线要和开袋的竖线相平行，这是由于布料的斜纹方向容易变形，而直纹则相对更加具有稳定性（图 3 - 16）。

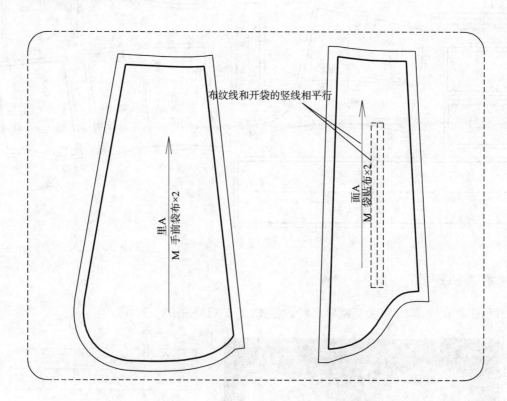

布纹线和开袋的竖线相平行

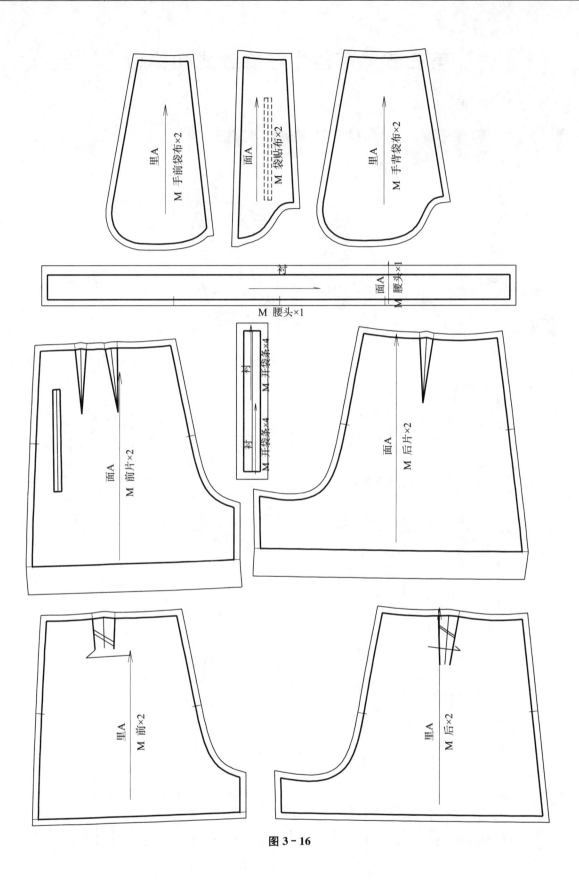

图 3－16

第三节　落裆牛仔裤款式和模板

详见图 3-17～图 3-20。

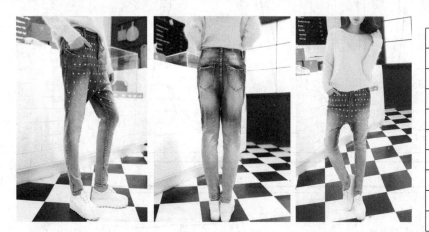

部位	测量方法	尺寸(cm)
外侧长	（连腰）	95.5
内侧长		65
腰围		79
臀围		89
腿围		53
膝围	（档下2.5cm度）	34.5
脚围		28
前档长	（不连腰）	27
后档长		38.5

图 3-17

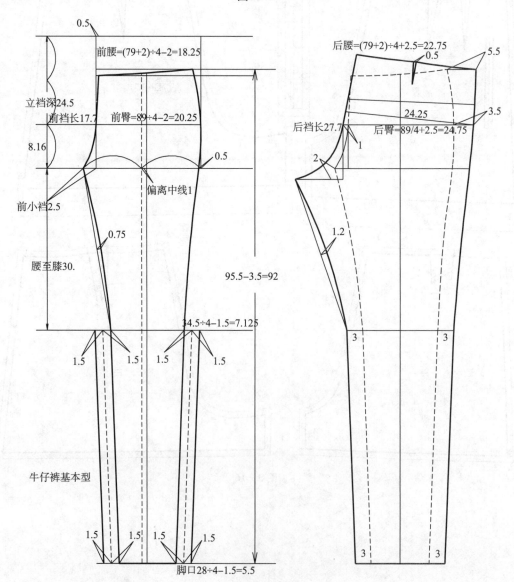

图 3-18

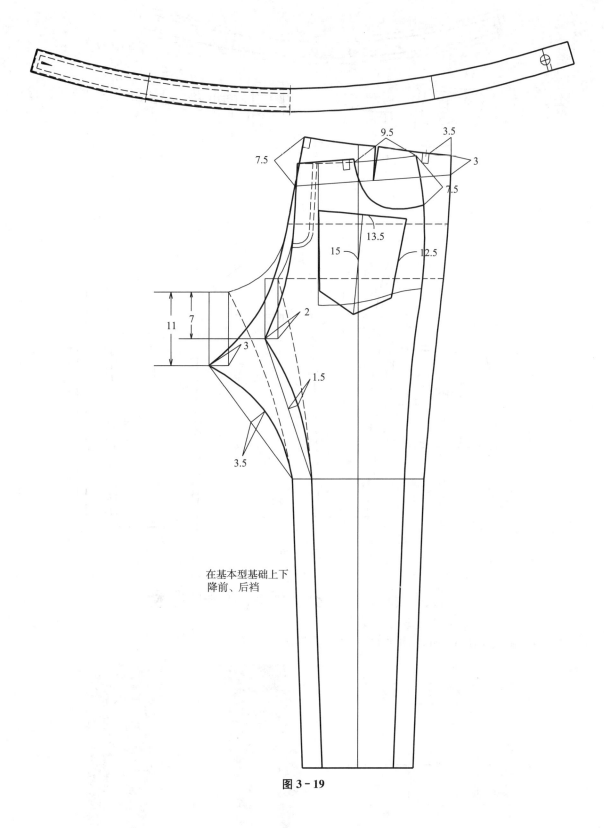

图 3 - 19

在基本型基础上下降前、后裆

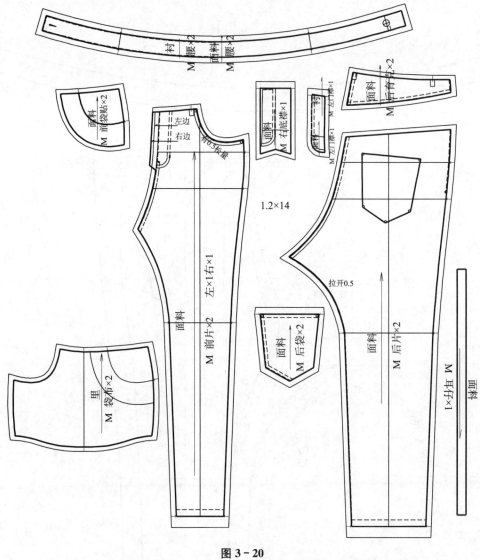

图 3 - 20

第四节 印花长裤款式和模板

尺寸表与款式见图 3 - 21,结构见图 3 - 22,完整裁片见图 3 - 23。

部位	测量方法	尺寸(cm)
外侧长	（连腰）	97
腰围		106.5
臀围		86
腿围		70.5
膝围		43
脚口		34.7
前裆长	（连腰）	28.5
后裆长		35.8

图 3 - 21

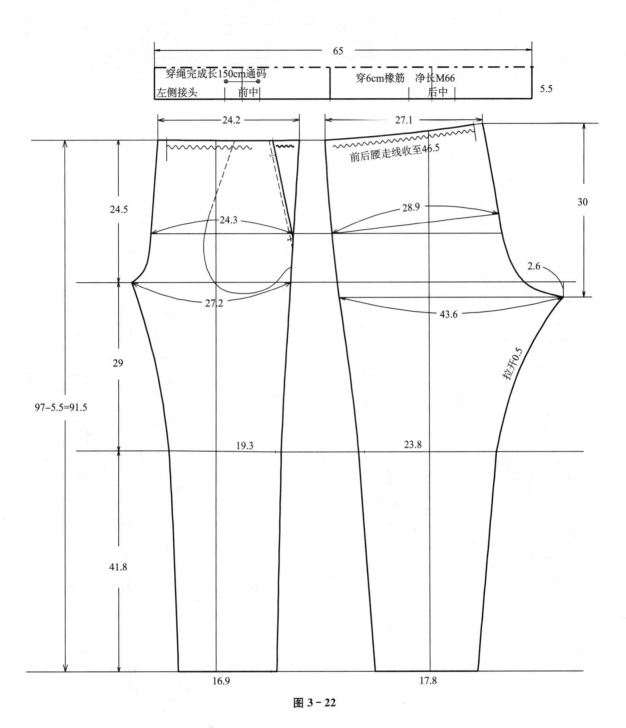

穿绳完成长150cm通码

左侧接头　　前中

穿6cm橡筋　净长M66

后中

65

5.5

24.2

27.1

前后腰走线收至46.5

24.5

24.3

28.9

30

27.2

2.6

43.6

拉开0.5

29

97-5.5=91.5

19.3

23.8

41.8

16.9

17.8

图 3－22

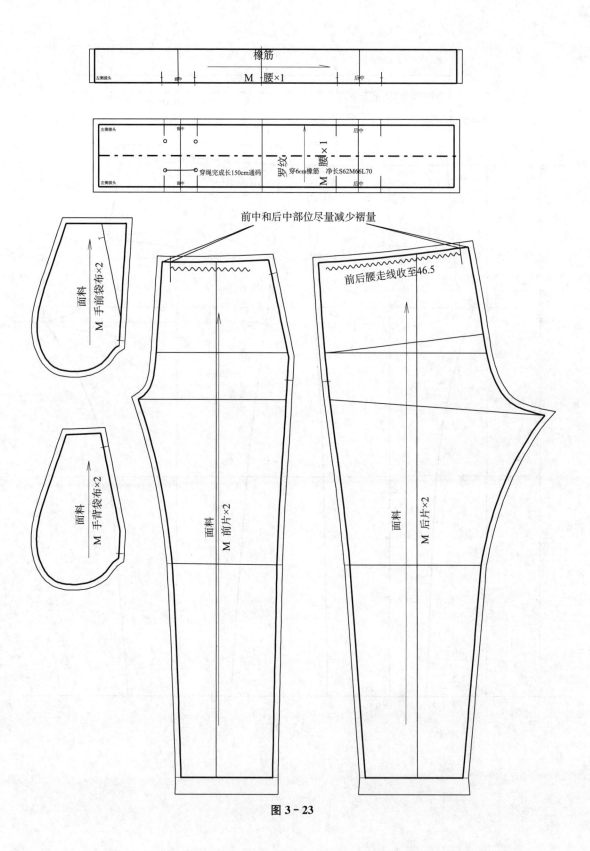

橡筋

左侧接头　　中　　　　　M　腰×1　　　　后中

左侧接头　　前中　　　　　　　　　　　　　后中

罗纹
M　腰×1

左侧接头　　前中

穿绳完成长150cm通码　　穿6cm橡筋　净长S62M66L70

前中和后中部位尽量减少褶量

前后腰走线收至46.5

面料
M　手前袋布×2

面料
M　手背袋布×2

面料
M　前片×2

面料
M　后片×2

图 3－23

第五节　连身袖女衬衫款式和模板(图3-24~图3-28)

详见图3-24~图3-28。

部位	测量方法	尺寸(cm)
后中		64.8
胸围		92
腰围		75.5
摆围		95
肩宽		37.5
袖长		60
袖口		20
袖肥		32.5
袖窿		45

部位	测量方法	尺寸(cm)
后中		64.73
胸围		100.5
腰围		90
摆围		97.5
肩宽		
袖长	(肩颈点度)	75
袖口		20
袖肥		
袖窿		

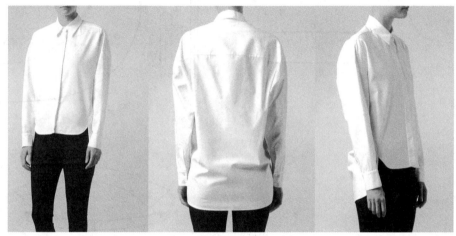

图3-24

女衬衫基本型

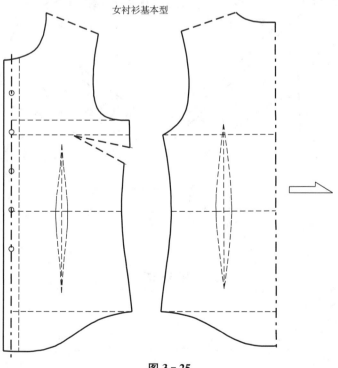

图3-25

在基本型上演变的数值形状

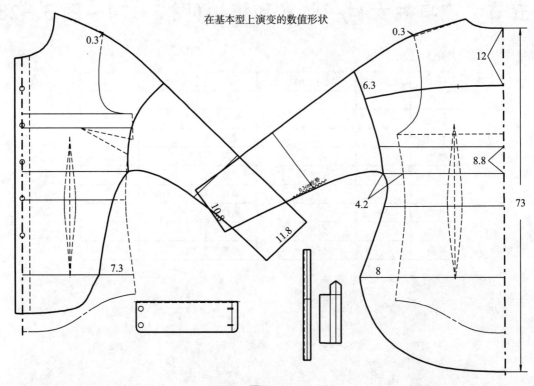

图 3 – 26

前肩借2.5cm到后肩

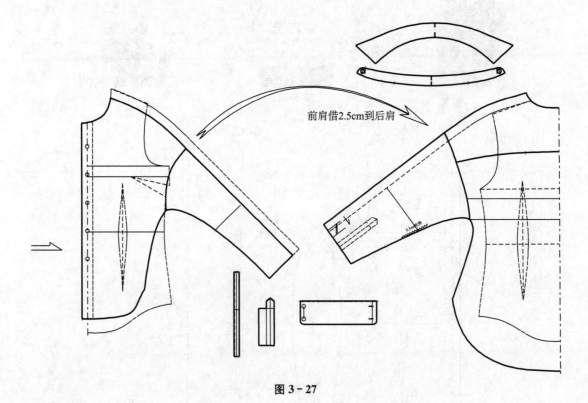

图 3 – 27

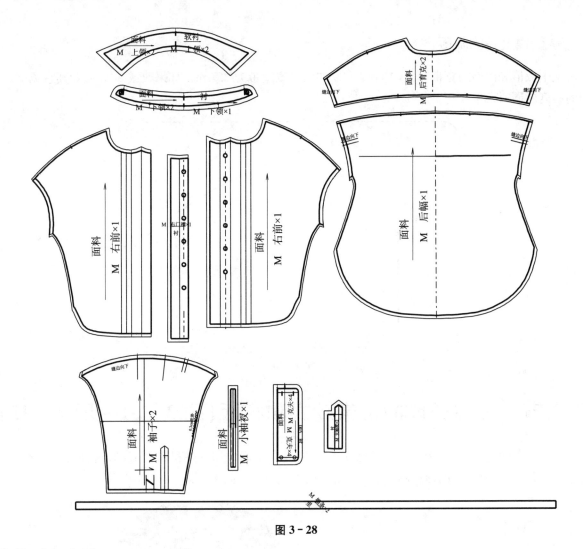

图 3-28

本款要点分析：

1. 连身袖袖下线条不要急转弯

在这个结构图中，袖下线条在基本型的基础上下降了 8.8cm，如果这个数值太小，就会明显在肩部起褶起浪难以平服，另外连身袖款式袖下线条不要急转弯，尽量平缓一些，这样更平服一些，也更方便于缝纫。

2. 上领的弯度

这一款的上领弯度比较大，下领钮扣扣合后，上领的领面保持平整状态（图 2-29），如果下领的钮扣不经常扣合，可以平直一些。

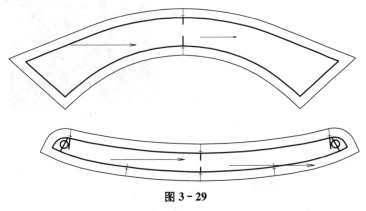

图 3-29

3. 门襟上端的斜度

这个数值和门襟的宽带有关，本图 3 - 29 的门襟宽度带为 2.5cm。如果改成 3cm 或者其它宽度，上端的斜度就同时发生变化。

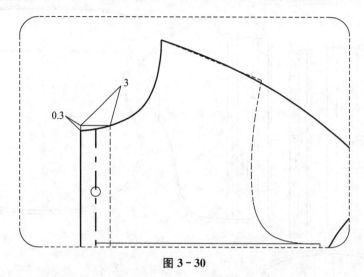

图 3 - 30

第六节　三种长度的吊带款式和模板(图 3 - 31 ～ 图 3 - 33)

这是款蕾丝连衣裙，由于蕾丝面料比较透明，需要在里面添加一件吊带打底衫，这种打底衫不需要太紧身，可以选用有弹力的面料图 3 - 31 ～ 图 3 - 33。

部位	测量方法	尺寸(cm)
后中		20-39.5-59
胸围		91.5
腰围		88
摆围		88-96.5-104
吊带净长		31.5

图 3 - 31

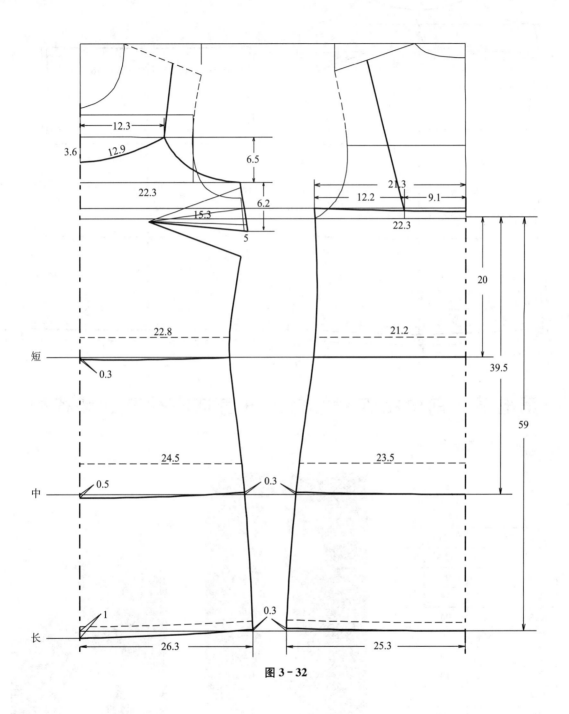

图 3 - 32

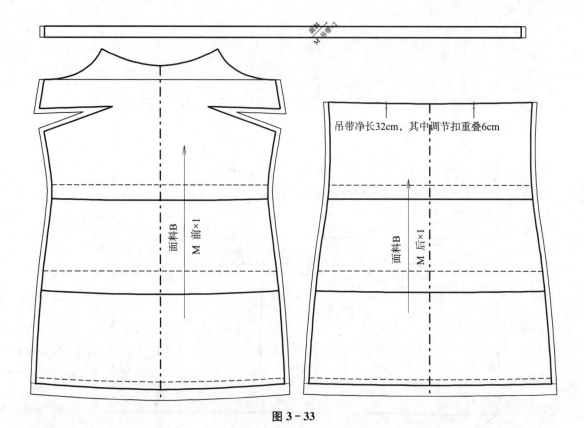

图 3 - 33

第七节　前中相连衬衫领三开身连衣裙款式和模板

详见图 3 - 34～图 3 - 37。

部位	测量方法	尺寸(cm)	档差
后中长		82.5	1.5
胸围		91	4
腰围		78	4
臀围		96	4
摆围	（水平测量）	120	4
肩宽		39	1
袖长		18	0.5
袖肥		32.5	1.5
袖口		30.5	1.5
袖隆		44	2

图 3 - 34

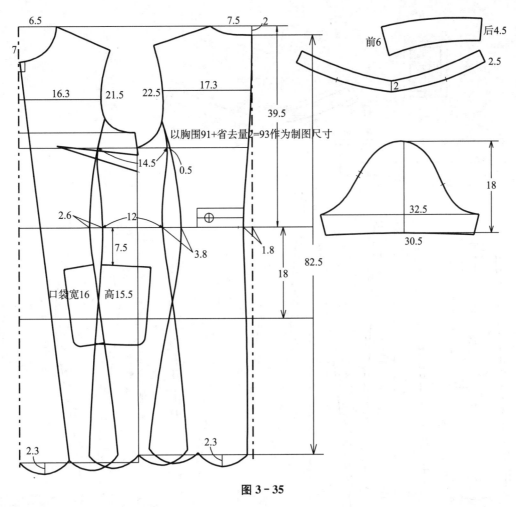

图 3－35

本款要点分析：

为什么下领会产生折角现象

许多纸样师在绘制前中相连的衬衫领时把下领画成圆顺的线条,这种做法是错误的。我们把普通衬衫领从前中线对接在一起就可以看到,其实下领部位是一个折角的现状,所以正确的下领图形应该是角度大约为 147°的形状(图 3－36)。

只有在画没有上领的立领造型时,才会把领脚的前中部位线条连接圆顺,本章第八节和第 九节就是画圆顺后的形状。

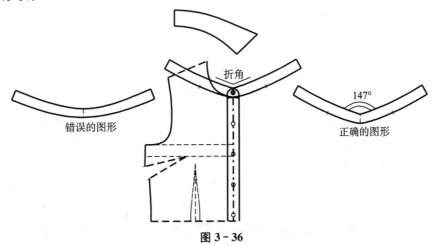

错误的图形　　折角　　正确的图形　　147°

图 3－36

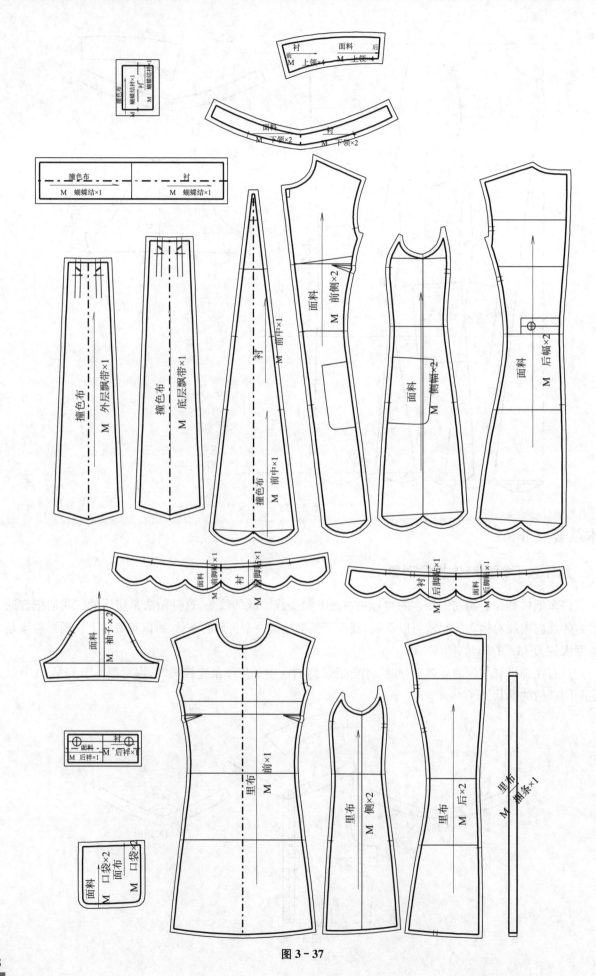

图 3 - 37

第八节 窄立领款式和模板

尺寸表与款式见图 3 - 38,结构见图 3 - 39,完整裁片见图 3 - 40。

部位	测量方法	尺寸(cm)
后中长		85.5
胸围		91.5
腰围		77
臀围		
脚围		
肩宽		36.5
袖长		63
袖口		20.2
袖肥		33

图 3 - 38

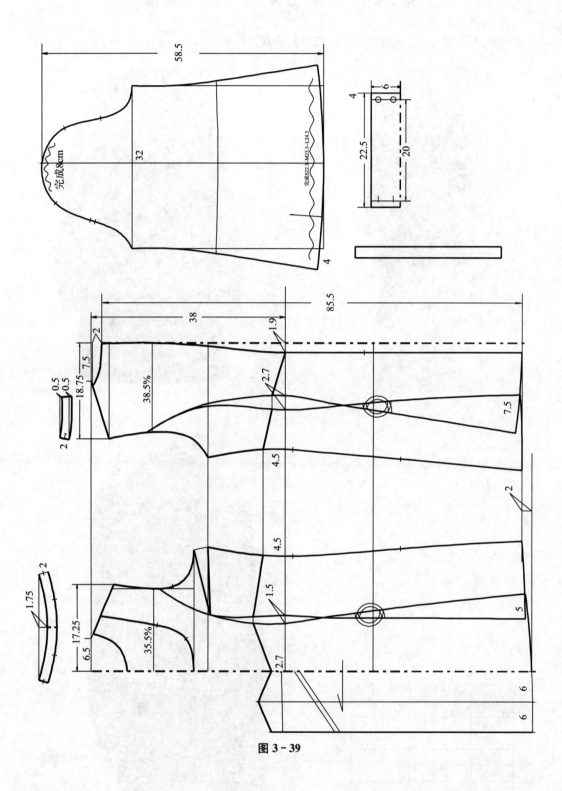

图 3 - 39

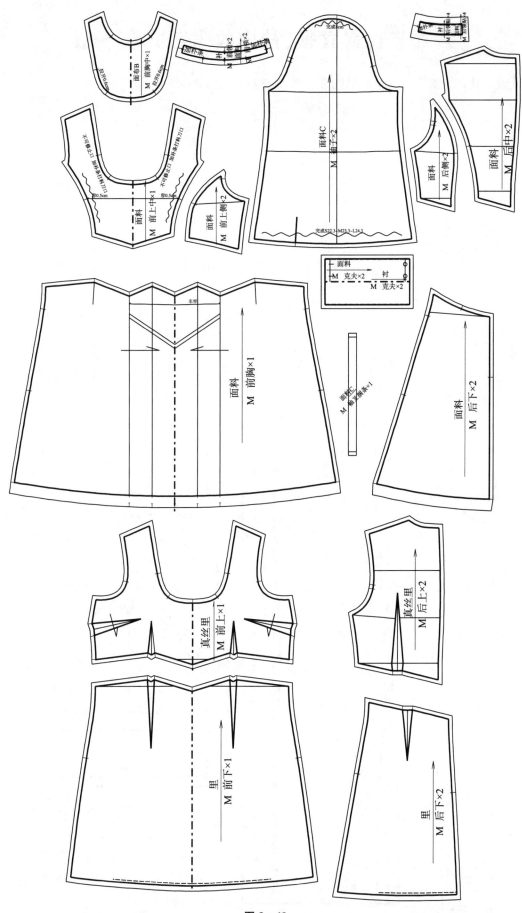

图 3-40

第九节 宽立领,袖山收省款式和模板

尺寸表与款式见图 3-41,结构见图 3-42,完整裁片见图 3-43。

部位	测量方法	尺寸(cm)
后中长		85.5
胸围		91
腰围		85
臀围		96.8
脚围		103
肩宽		37
袖长		29
袖口		20.2
袖肥		33
袖隆		44.5

图 3-41

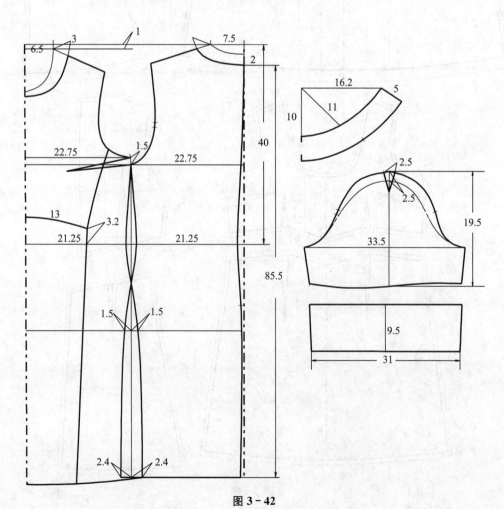

图 3-42

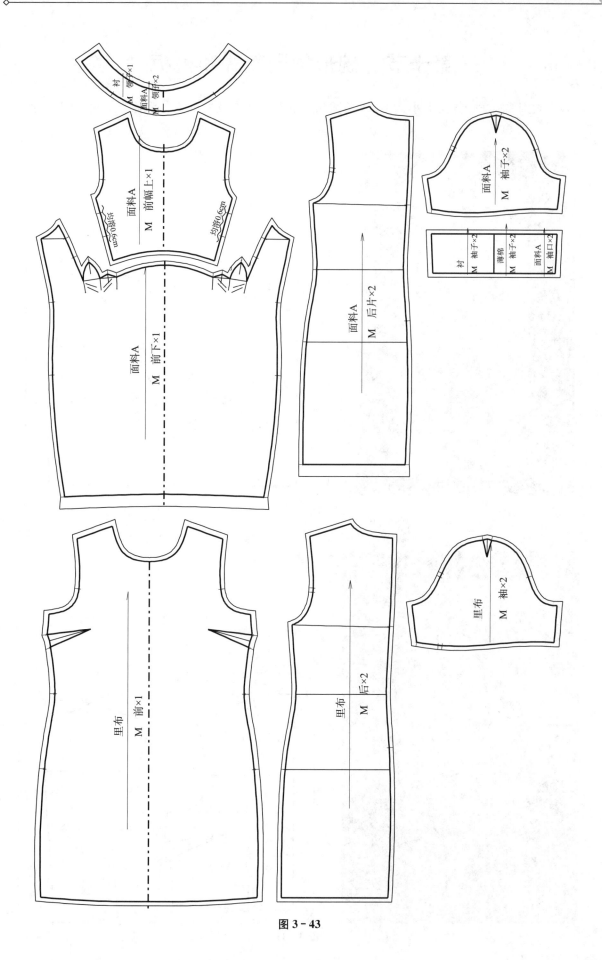

图 3 - 43

第十节　碗形领圈款式和模板

　　碗形领圈要求横竖方向大小适中,线条圆顺。下面是四个款式的数值和形状(图 3 - 44～图 3 - 47)。

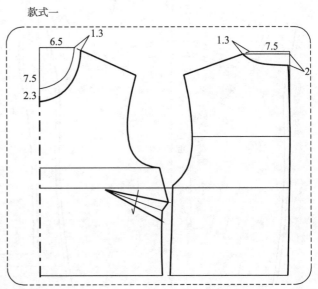

款式一

图 3 - 44

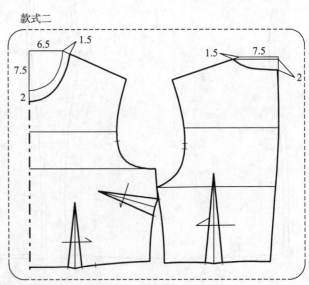

款式二

图 3 - 45

款式三

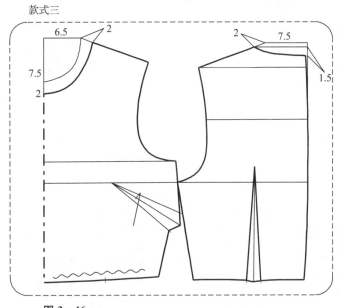

图 3 – 46

款式四

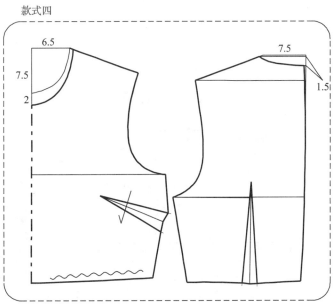

图 3 – 47

第十一节　无胸省大衣款式和模板

尺寸表与款式见图 3-48,结构见图 3-49,完整裁片见图 3-50。

部位	测量方法	尺寸(cm)
后中		82
胸围		94.5
腰围		95
摆围		114
肩宽		39
袖长		60
袖口		25.5
袖肥		33
袖隆		46.5

图 3-48

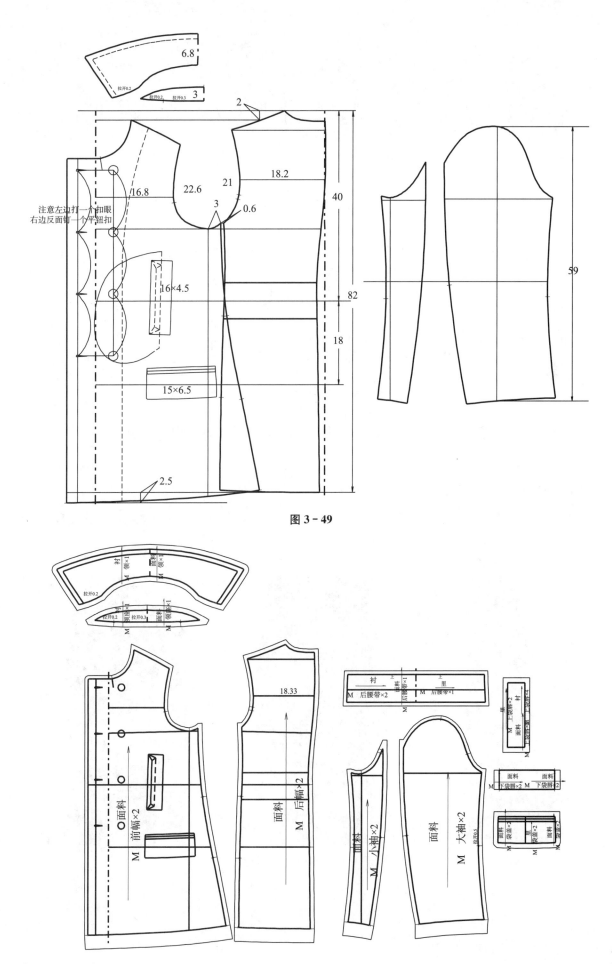

图 3 - 49

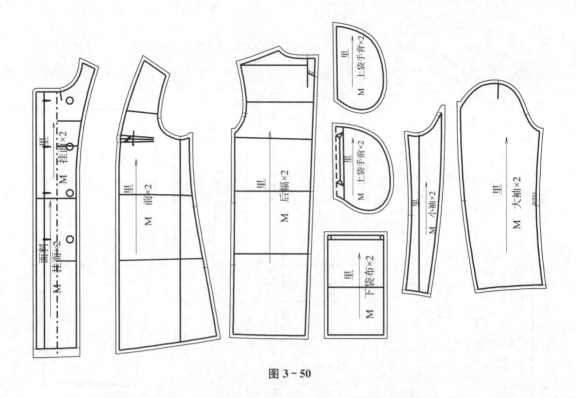

图 3 - 50

第十二节　袖山两种形状模板的对比

第一种:比较圆的袖山效果(图 3 - 51)

图 3 - 51　袖山效果图(1)

第二种：比较尖的袖山效果(图 3 - 52)

图 3 - 52 袖山效果图(2)

两种图形重叠在一起的对比(图 5 - 53)

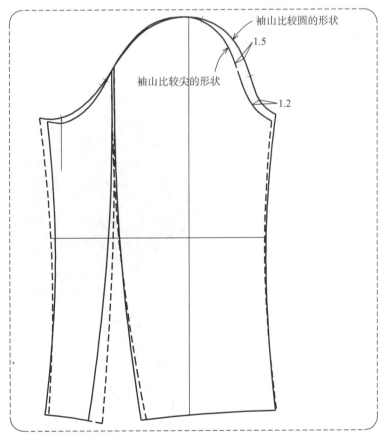

图 3 - 53

第十三节　小落肩袖款式和模板

尺寸表与款式见图 3-54,结构见图 3-55,完整裁片见图 3-56。

部位	测量方法	尺寸(cm)
后中		85
胸围		97
腰围		97
摆围		103.5
肩缝长		21
袖口		31

图 3-54　尺寸表与款式图

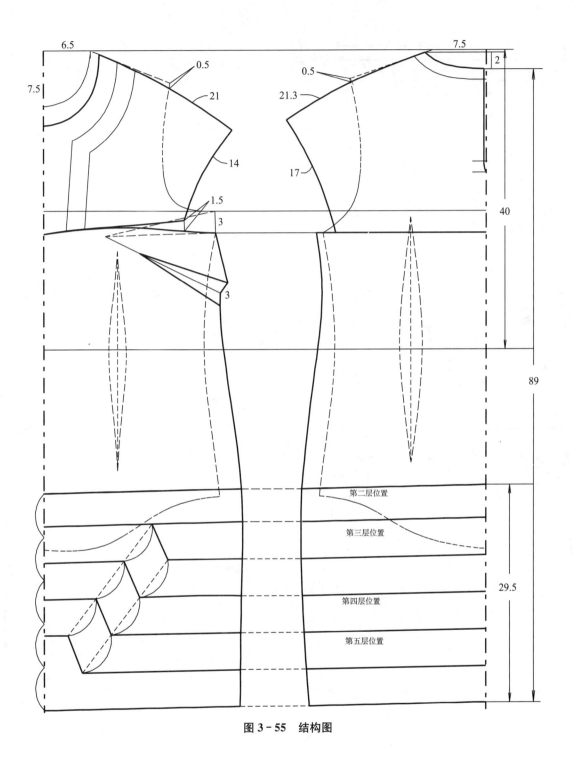

图 3 - 55 结构图

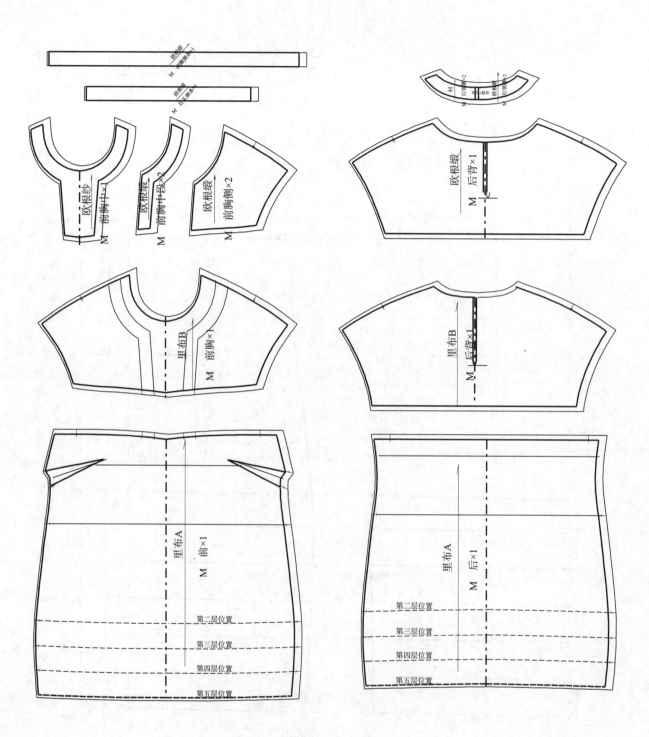

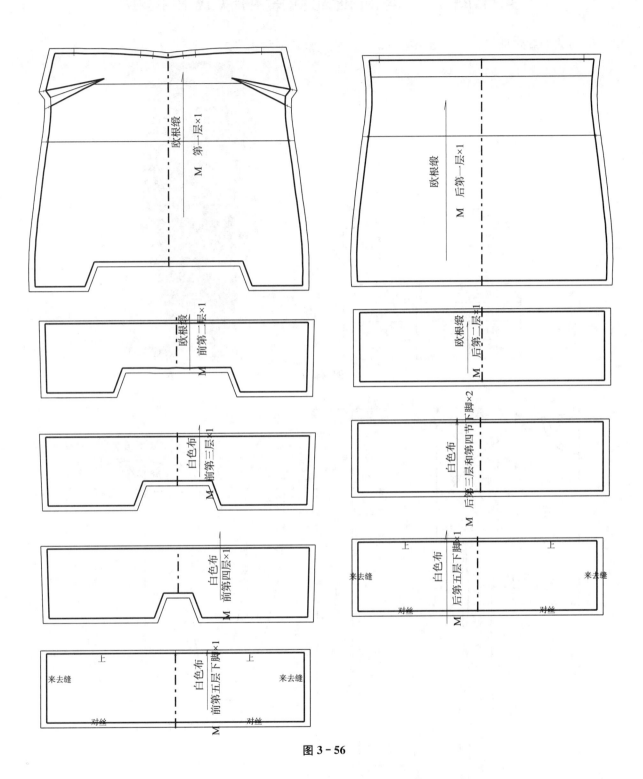

图 3－56

第十四节　落肩袖配西装袖款式和模板

尺寸表与款式见图 3－57，结构见图 3－58，完整裁片见图 3－59。

部位	测量方法	尺寸(cm)
后中		93
胸围		94
腰围		90
摆围		92
袖长		50.5
袖口		25.5
袖肥		36.5

图 3－57

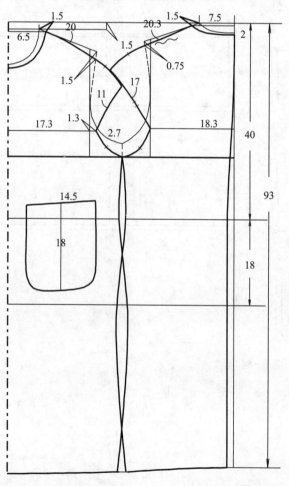

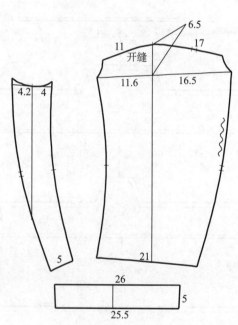

图 3－58

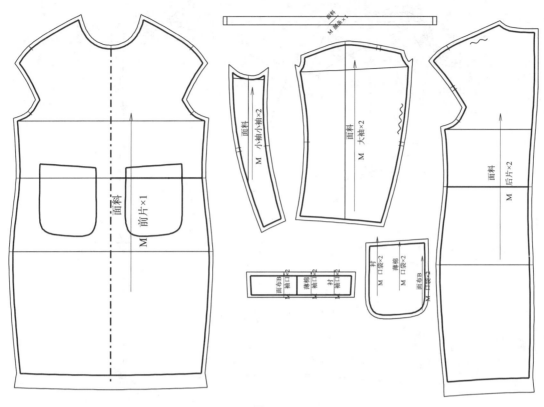

图 3-59

第十五节　大落肩袖款式和模板

尺寸表与款式见图 3-60,结构见图 3-61,借肩原理见图 3-62,完整裁片见图 3-63。

部位	测量方法	尺寸(cm)
后中		59
胸围		97
腰围		89.5
摆围		103.5
肩缝长		21.5
袖口		35.5

图 3-60

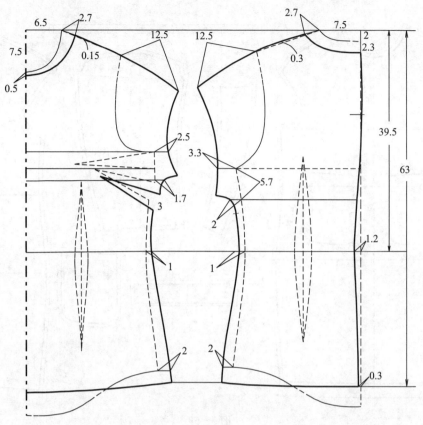

图 3 - 61

借少量前肩到后肩上,使肩缝前移

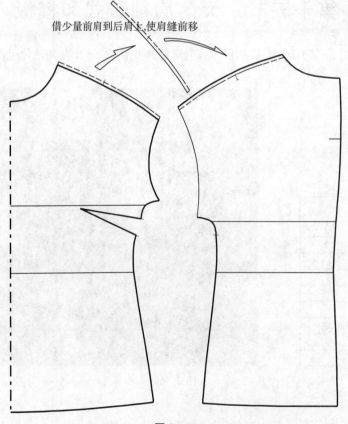

图 3 - 62

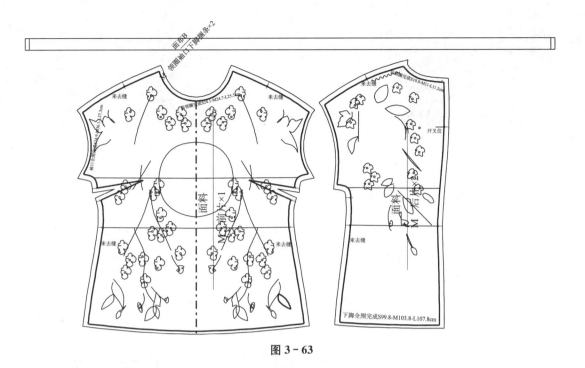

图 3 - 63

第十六节　披肩式上衣款式和模板

尺寸表与款式见图 3 - 64,结构见图 3 - 65,控制肩缝倾斜度方法见图 3 - 66,完整裁片见图 3 - 67。

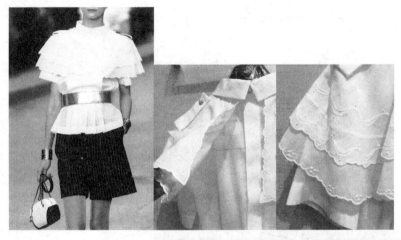

部位	测量方法	尺寸(cm)
后中		53.5
胸围		92
腰围	（放松度）	66.5
摆围		96
肩宽		39.5
袖长		20.5
袖口		30.5
袖肥		32
袖隆		45

图 3 - 64

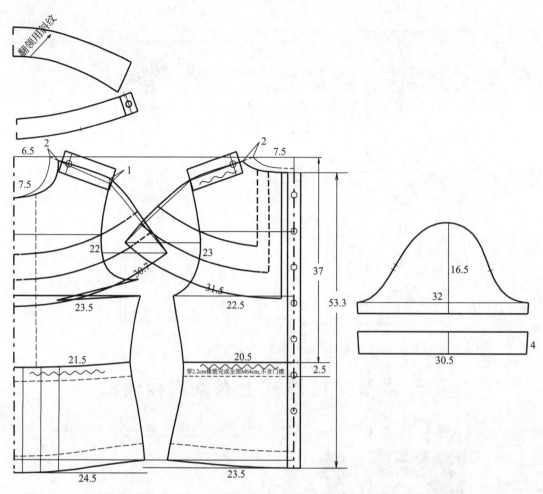

图 3－65

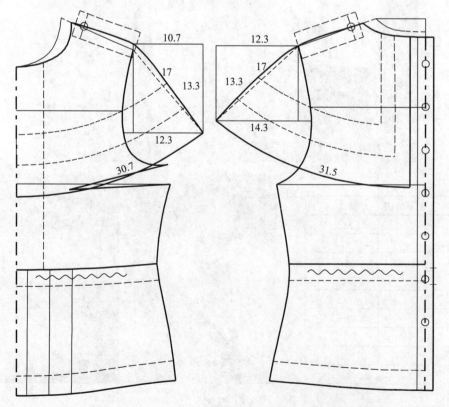

图 3－66

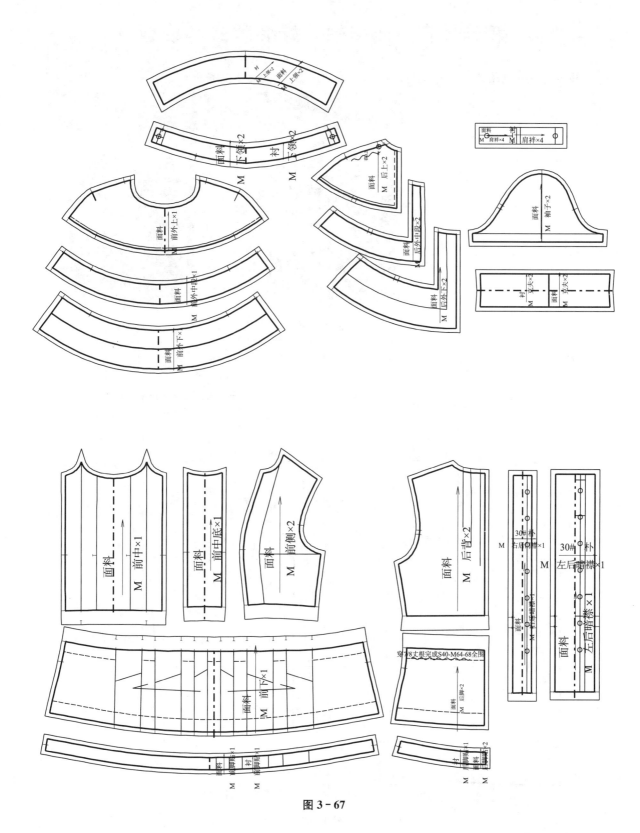

图 3－67

第十七节　插肩袖娃娃装款式和模板

尺寸表与款式见图3-68,结构见图3-69、图3-70,完整裁片见图3-71。

部位	测量方法	尺寸(cm)
后中		57
胸围		91
腰围		98
摆围		112
袖长		50
袖口	(肩颈点度)	35.5
袖肥		36.5

图 3 - 68

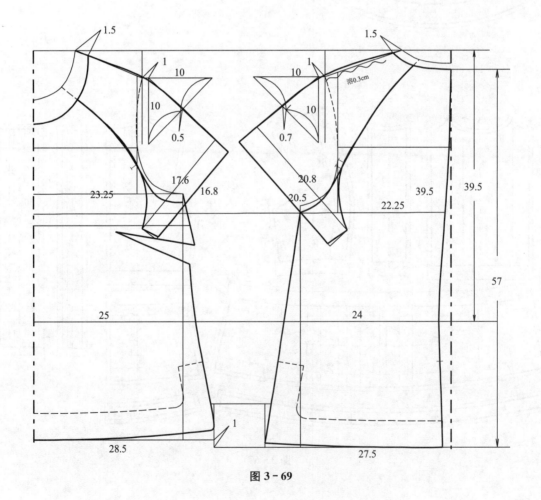

图 3 - 69

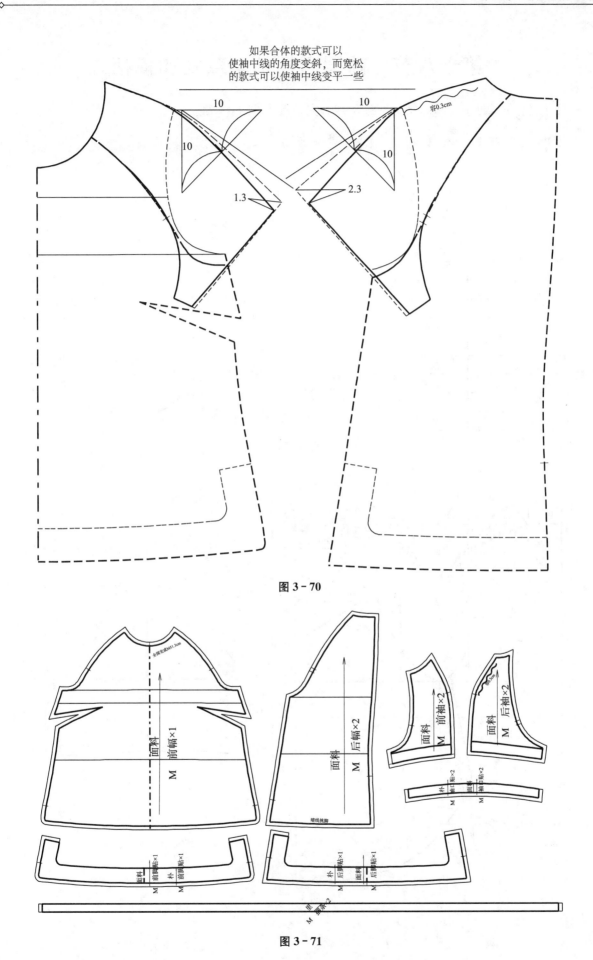

如果合体的款式可以
使袖中线的角度变斜，而宽松
的款式可以使袖中线变平一些

图 3-70

图 3-71

第十八节　前圆后插袖型款式和模板

尺寸表与款式见图 3-72,结构见图 3-73,完整裁片见图 3-74。

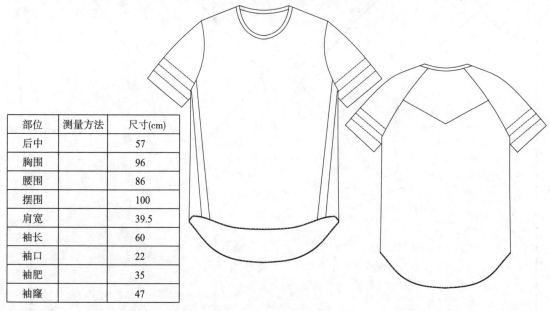

部位	测量方法	尺寸(cm)
后中		57
胸围		96
腰围		86
摆围		100
肩宽		39.5
袖长		60
袖口		22
袖肥		35
袖窿		47

图 3-72

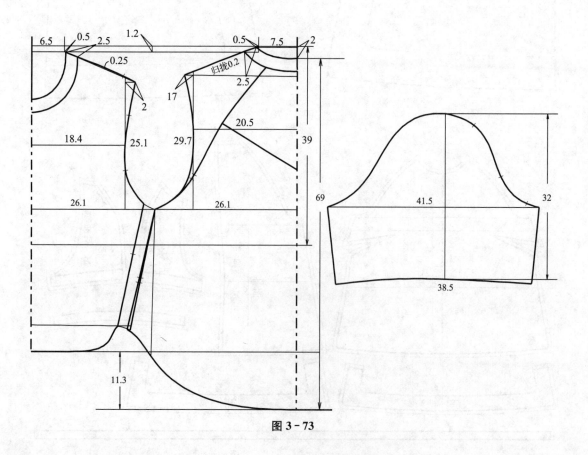

图 3-73

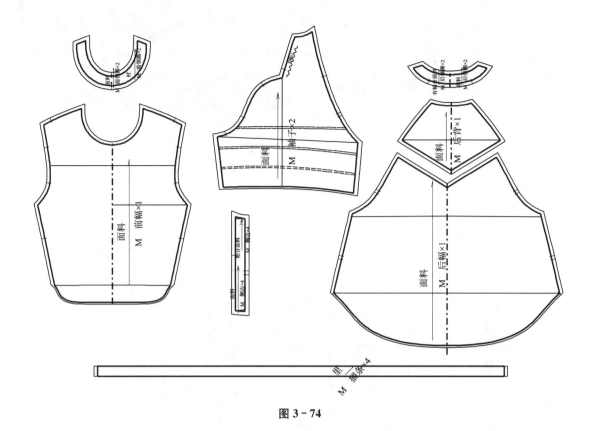

图 3-74

第十九节　前插肩袖后连身袖款式和模板

尺寸表与款式见图 3-75,结构见图 3-76,完整裁片见图 3-77。

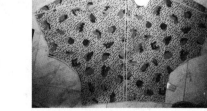

部位	测量方法	尺寸(cm)
后中		59
胸围		91.5
腰围		88
摆围		97.5
袖长	（肩颈点度）	37.5
袖口		55
袖肥		59

图 3-75

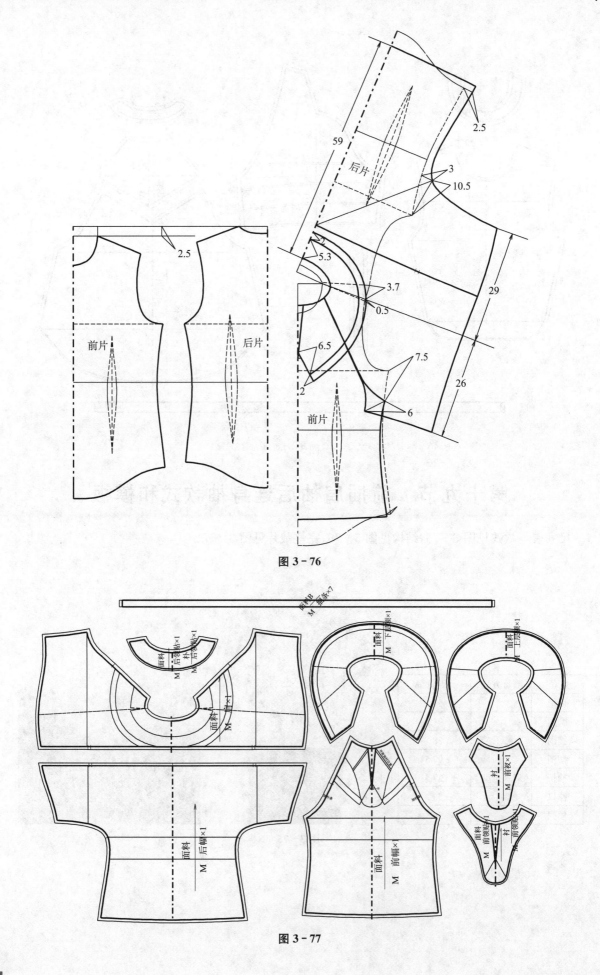

图 3-76

图 3-77

第二十节　茧形大衣款式和模板

尺寸表与款式见图 3-78,结构见图 3-79、图 3-80,完整裁片见图 3-81。

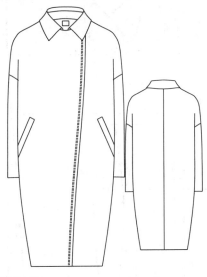

部位	测量方法	尺寸(cm)
后中		96
胸围		99.5
腰围		100.3
臀围		106.5
摆围		92.5
肩缝长		23
袖长		40.5
袖口		22
袖肥		36.5

图 3-78

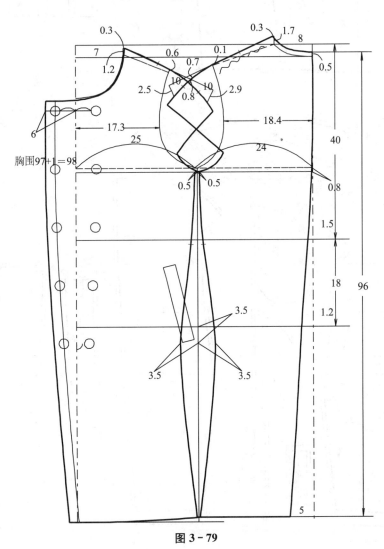

图 3-79

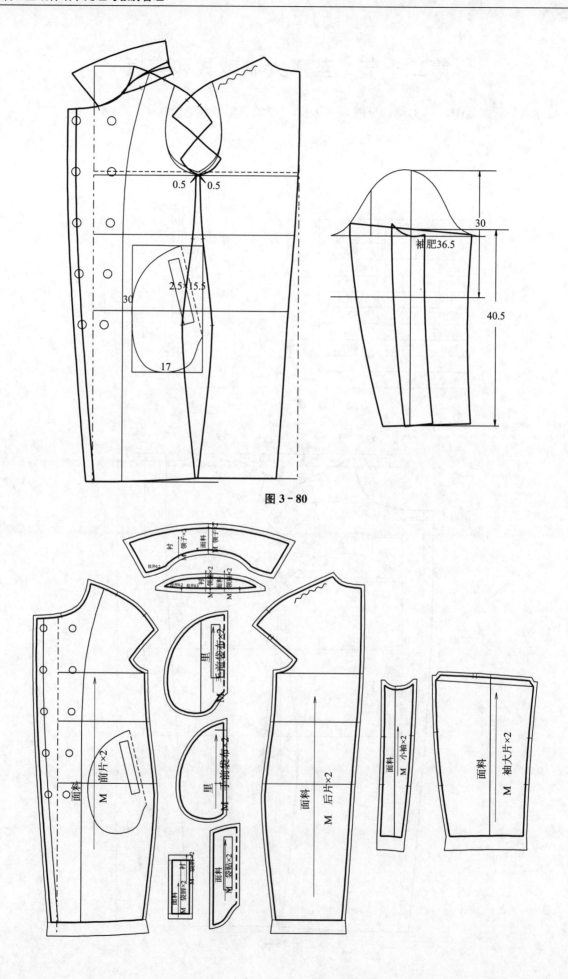

图 3－80

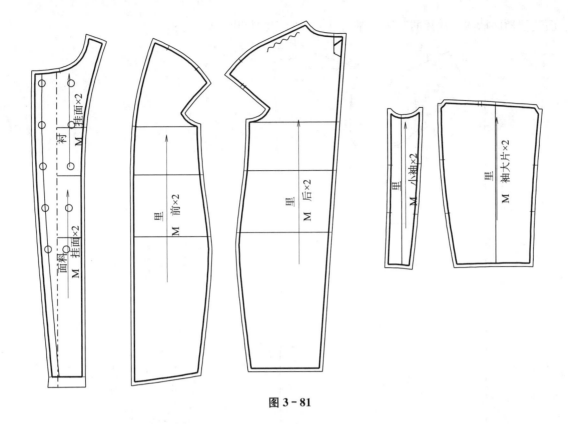

图 3－81

第二十一节　西装袖的袖底插圆形裁片款式和模板(图 3－82)

尺寸表与款式见图 3－82。

部位		尺寸(cm)
后中		85.5
胸围		92.5
腰围		87.5
摆围		103
肩宽		39
袖长		60
袖口		22
袖肥		31.3

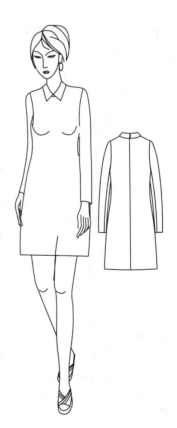

图 3－82

西装袖袖底插圆形裁片的制图步骤见图 3-83,完整裁片见图 3-84。

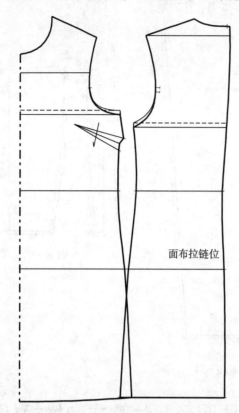

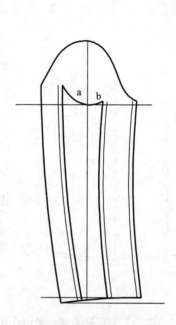

面布拉链位

第一步　把衣身的袖窿向下移动1cm
袖山弧线同时变大。

第二步　配袖时尽量把小袖变窄。

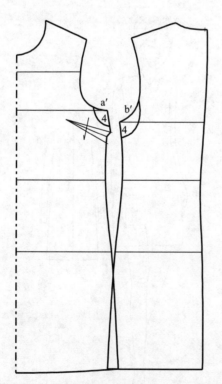

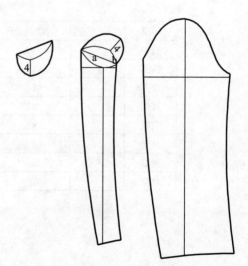

第三步　以小袖弧线a和b在袖窿底分割两个圆形裁片
高度为4cm,提取出来拼命在一起。

第四步　把这个圆形裁片和小袖对接,线条画顺。

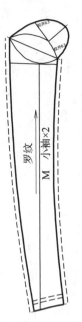

第五步 由于罗纹布有比较大的弹力可以用
压缩方法把小袖的宽度变窄1.5cm 加好对位刀口

图 3 - 83

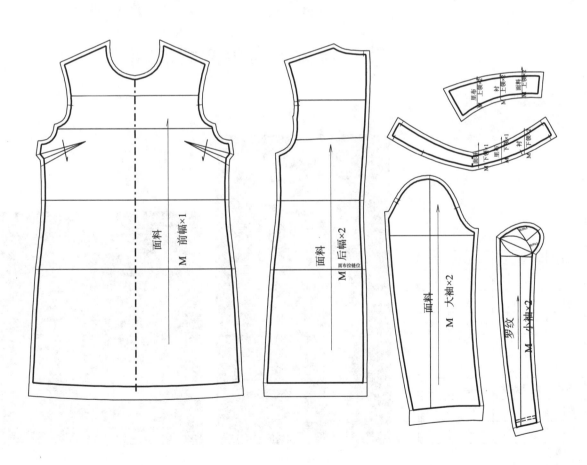

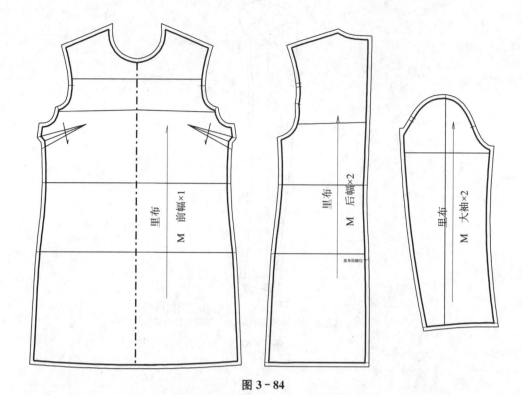

图 3 - 84

第二十二节　合体连身袖款式和模板

详见图 3 - 85～图 3 - 88。

部位	测量方法	尺寸(cm)	档差
后中长		84	1.5
胸围		93	4
腰围		79	4
臀围		101	4
摆围		132	4
袖长	（肩颈点度）	63.5	1.3
袖肥		33	1.5
袖口		36	1.5

图 3 - 85

连衣裙基本型

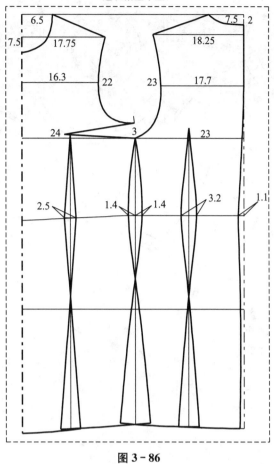

图 3 - 86

在基本型上演变的数值形状

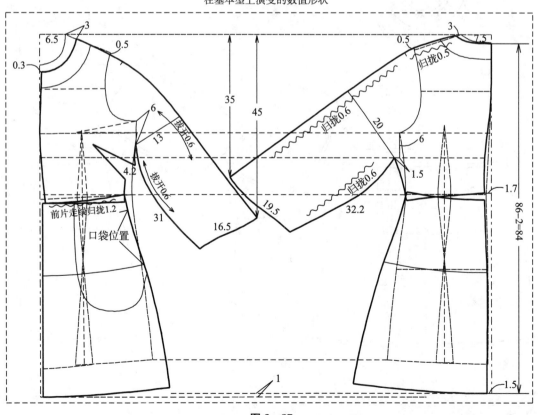

图 3 - 87

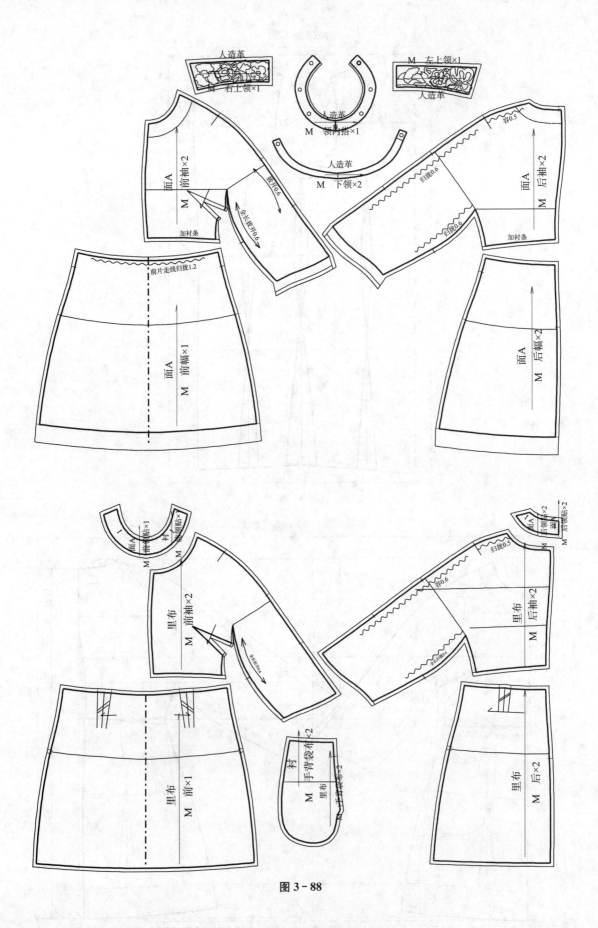

图 3-88

第二十三节　前袖窿起浪款式和模板

尺寸表与款式见图 3-89,结构见图 3-90,完整裁片见图 3-91。

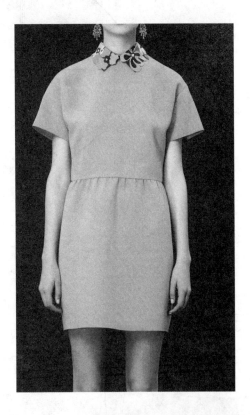

部位	测量方法	尺寸(cm)
后中		85
胸围		96
腰围		77
臀围		104
摆围		93.5
肩宽		39.5
袖长		16.25
袖口		35
袖肥		36.5
袖窿		45.8

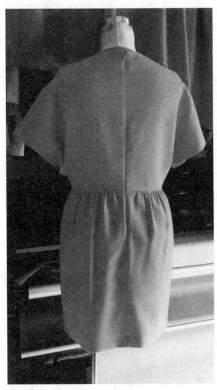

图 3-89

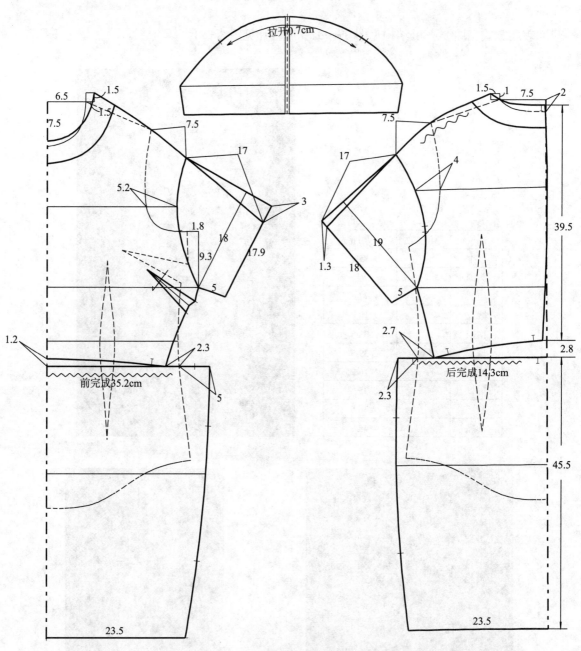

图 3-90

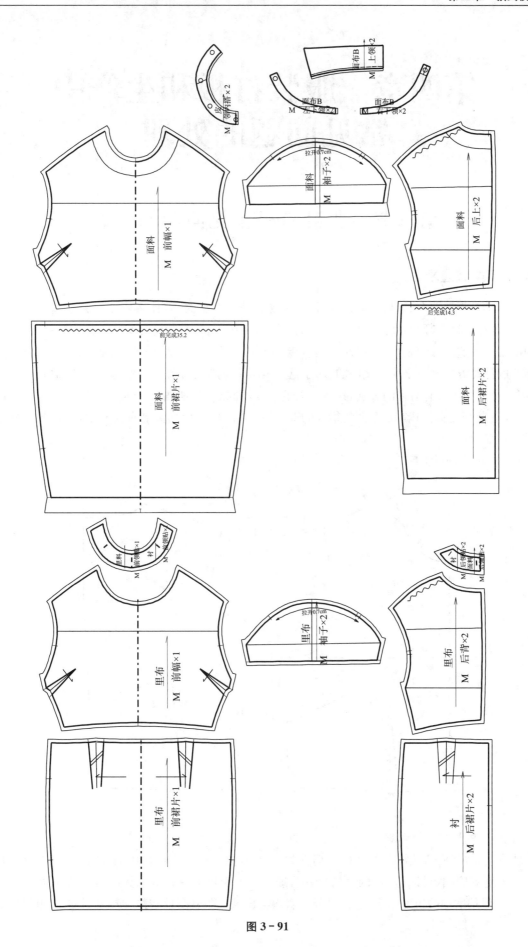

图 3-91

第四章 服装打板和生产中常见问题的处理

第一节 服装打板常见问题的讨论

1. 基本型数值来源

很多初学打板的朋友总是在问,基本型中的数值是怎么来的,有什么依据? 关于基本型数值的来源,有一部分是来自于师承,就是一代又一代的服装裁剪师傅、打板师傅在实际工作中打板数值的积累,多年的使用证明这些数值是切实可行的,然后传承下来,但是由于服装面料、风格、款式、包容性等因素,每位师傅的计算方式又不是完全相同的,对于这个问题我们要正确看待。①除了一些原则性的问题以外,数值和计算方式没有对错的分别,只有个人的习惯不同和产品风格的不同;②数值其实都是灵活的,例如肩斜,笔者发现肩斜其实是个变数很大的部位,前、后肩斜的互借,垫肩的厚度,客户的爱好都可能使肩斜发生变化。

(1) 常见的肩斜(图 4-1)

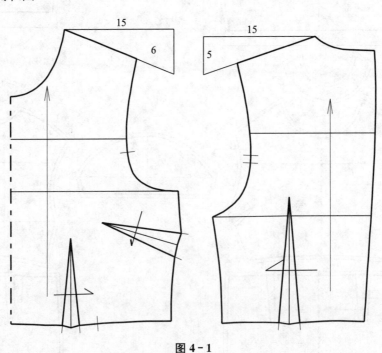

图 4-1

(2)比较斜的肩斜

从理论上说,前肩斜通常为 15:6,后肩斜为 15:5,但是在做比较合体的款式时,由于面料有垂坠性和重力下垂的原因,可以适当增加肩斜角度,即 15:6.5 和 15:5.3,做无胸省款式也可以这样处理(图 4-2)。但是增加的角度不要太大,过分的肩斜会出现衣服领圈处空鼓和穿着后向上跑的弊病。

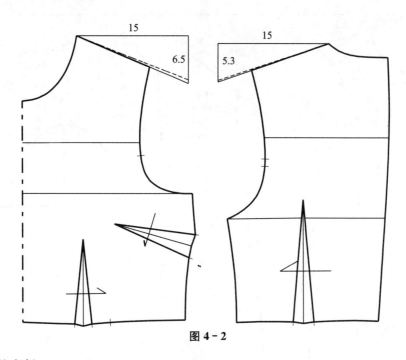

图 4 - 2

（3）比较平的肩斜

这是一款针织衫的款式图，由于宽松风格和客户要求，出现了比较平的肩斜状态（图 4 - 3）。

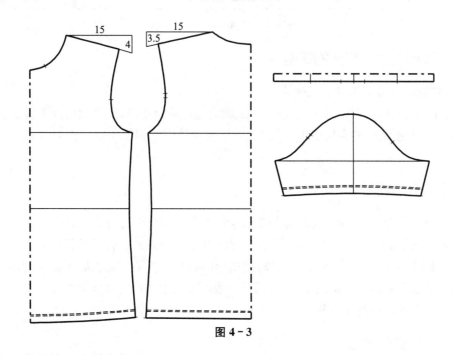

图 4 - 3

（4）借肩导致的前后肩斜变化

图 4 - 4 中，由于后肩借了一部分到前肩上面去了，前后肩斜的角度和袖窿形状都发生了很大的变化。

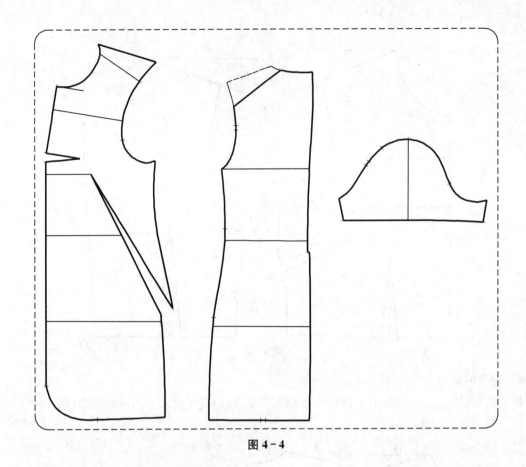

图 4 - 4

2. 上衣前片和后片上平线的高度

关于上平线的高度,可分为以下几种情况:

(1) 和胸省的大小有关系,胸省越大,前上平线就会超过后上平线,反之就会低于后上平线。

(2) 无胸省结构,前上平线会比后上平线低,根据款式的宽松程度不同和面料弹性大小的不同,低2.5~1cm。

3. 胸省量的大小设置

(1) 常规的胸省量为3cm,驳头比较低的款式会减少胸省量,这是由于低驳头的款式,前胸翻折线没有牵制和控制,降低前上平线1~2cm,等于把可能产生前胸空鼓或者伸长的量减去了。

(2) 从理论上讲,胸省量越大,服装越合体,如塑形内衣的胸省量达到了最大的限度,但是会导致服装成品在折叠包装或者悬挂时前胸处不平服,因此一般不要追求过分的合体和加大胸省量,而是要选择能兼顾合体效果和外观适中的胸省量。

4. 前后片分界线的差数

(1) 常见的前后片分界线有两种情况。第一种前后平分的画法(图4-5)。第二种前片宽后片窄的画法(图4-6)。由于前后片分界线就是侧缝的位置,而侧缝是服装和人体的侧面,即不显眼的位置,因此,这两种画法都是可行的。也可采用前后分界线互借(图4-7)。

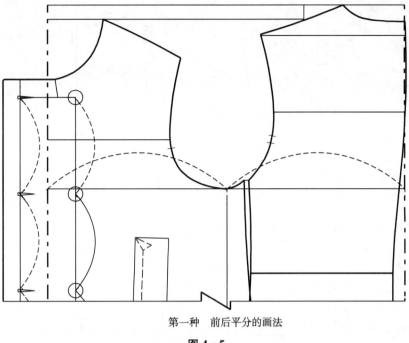

第一种　前后平分的画法

图 4 - 5

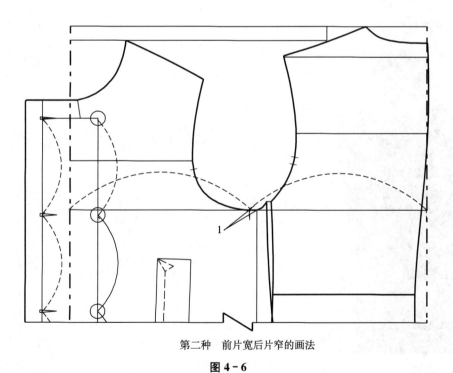

第二种　前片宽后片窄的画法

图 4 - 6

（2）前后分界线互借的状态

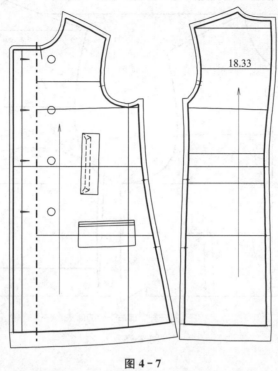

图 4 - 7

4. 肩缝的形状变化

（1）弯形的肩缝形（图 4 - 8）

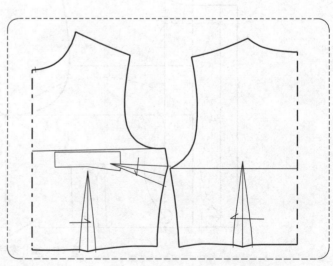

图 4 - 8

（2）平直的肩缝形（图4-9）

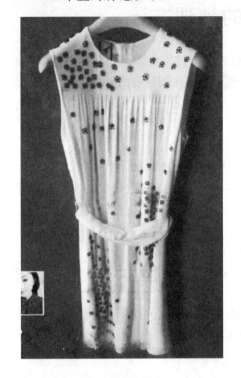

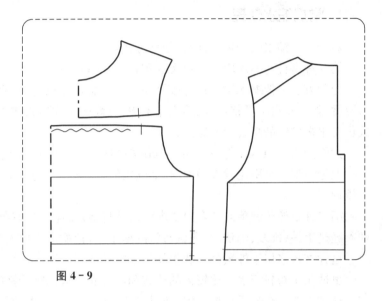

图4-9

（3）落肩的肩缝形状

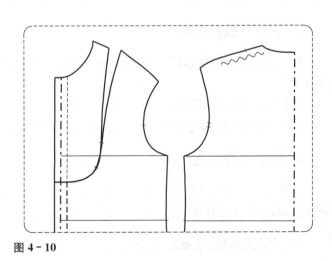

图4-10

　　通过以上几个常见问题的讨论和对比，说明服装的各个线条是可以变化的，当然作为初学者需要先按部就班的学好基本型，达到非常熟练后才能对结构图形进行随意变化和变通处理。

第二节 服装生产中缩水的处理方法

缩水分为常规缩水和洗水缩水。常规缩水是指面料经过浸泡或者蒸汽熨烫后产生收缩的现象(有少数面料会伸长)。洗水缩水是指面料经过洗水厂的特殊工艺处理产生的比较明显的收缩现象。

1. 常规缩水处理

对于常规缩水的处理,有两种处理方式:

第一种是针对缩水率不是很大的布料,比如我们常用的化纤、棉布、弹力棉、灯芯绒、电力纺等。

处理方法是把缩水率加在打板尺寸里面。需要注意的是在做样衣的时候,没有裁剪之前不要用蒸汽熨烫,如果布料不平整,可以用熨斗干烫,等裁剪完成后再包烫、蒸汽烫,最后完成整件熨烫。这种方式也是很多内销品牌公司的做法。

如胸围为 92cm,在打板时加上 1cm 的缩水,再加 1cm 的自然回缩,等于 94cm。

但是遇到缩水率比较大的面料,如欧根纱、真丝和一些特殊的新型布料之类,就需要送缩水厂或者大烫预缩。

第二种是按照制单或者客户要求的尺寸打板,做样衣之前要把布料用蒸汽进行缩水后再裁剪,做成样衣经过审核、修改、确认后,测试布料的缩水率,把缩水率加入到头板纸样中。

这种方式多用于外贸公司和牛仔洗水的处理。

也适用于布料缩水率比较大的款式和对尺寸要求比较严格的客户。

这种方式是在打板后加缩水,即以设置好的尺寸来打板,不考虑缩水,在裁板之前要把布料缩水。

这两种方式的共同点就是,做样衣的过程要和做大货的过程要一致,否则就会出现生产事故。

缩水率超过 5%,就要有缩水厂整匹缩水,或者用简易的缩水装置进行整匹缩水。

2. 松布前后差别很明显

松布是指面料在裁剪之前要提前 24 小时把布料松开,松布对于很多整匹整卷的黏合有衬的布料和有较大弹力的布料很重要,因为黏合衬在高温黏合后就卷装起来,这时的布料是受力状态的(弹力大的布料也是这个原理),所以有黏合衬的布料必需要松布到足够的时间,再试缩水,

3. 缩水厂成批缩水

现在有了专业的缩水厂,用大型的缩水机可以预先对布料进行缩水,布料缩水后,纸样就不需要加缩水了。

这种方式适用于针织布、真丝、欧根纱、麻布和整匹烫衬布等缩水率比较大的布料。

但是对缩水厂处理过的布料,为了防止缩水不够充分和缩水厂漏掉某一卷布,还需要再一次测试缩水。

4. 缩水简易装置

这种装置由服装蒸汽烫台的蒸汽发生器、裁剪车间支架、蒸汽软管、阀门和一根有一排小孔的无缝钢管组成,适用于小规模的公司,这种装置简单实用,不用时可拆开,基本不占用空间(图 4 - 11)。

5. 测试布料缩水率的方法

测试布料缩水时,不要在布料的边缘和一端测试,这样是测试不准确的,要离开一端 7~8m 处,取一个绝缘板做成的 50cm×50cm 板放在布料的中间,做好标记后,拿去蒸汽熨烫,冷却后重新测量长度和宽度,得到的差数再乘以 2,就是是每米的缩水率了,例如测量出的竖方向是 59 cm,横方向是 59.5cm,那么竖方向的缩水率就是 2%,横方向的缩水率就是 1%。

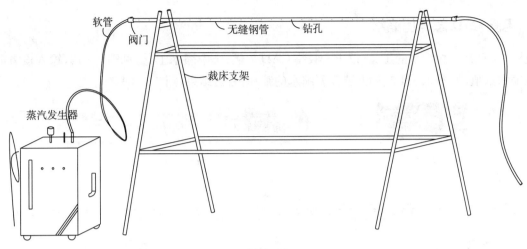

图 4－11

注意,同样的款,不同的颜色,都要重新试缩水。

每一种颜色的布料只有一卷的,每一种颜色都要试缩水。

布料卷数比较多时,要每一种颜色都试2～3卷。

不仅面布要测试缩水,里布也要进行测试和加放缩水。

6. 手工怎样加缩水

手工加缩水和放码的原理很相似,就是先找到一个不动点和不动线,不动点的位置根据个人习惯不同,可以在裁片的上面,或者下面和中间都可以,然后以不动点和不动线测量到裁片边缘的长度,乘以缩水率,就等于需要加入的长度,例如:裤子的前脚口为 12.5cm,(以净尺寸来计算,缝边忽略不计),假设纵向缩水率为 0,横向缩水率为 2%,把它换成小数,就是用 3 除以 100,等于 0.03,用 12.5×0.02 约等于 0.37cm,同样的把前膝围,前腿围,前臀围等都计算出来,把这些数值加在前片的外侧,然后连顺线条(图 3－12)。

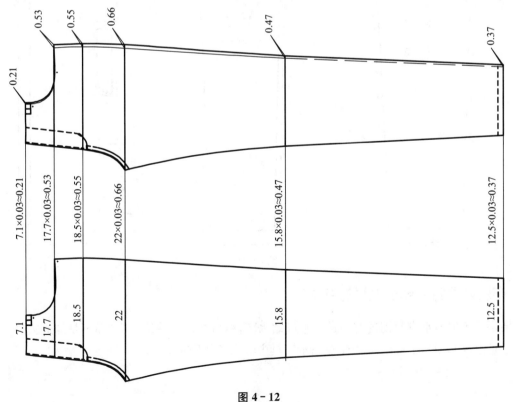

图 4－12

7. 电脑 CAD 怎样加缩水

电脑 CAD 都有加缩水的工具，以 ET 服装 CAD 为例，选中缩水工具，见图 4-13，输入横方向和纵方向的缩水数值，见图 4-14 左键框选需要缩水的裁片，右键结束（图 4-15）。

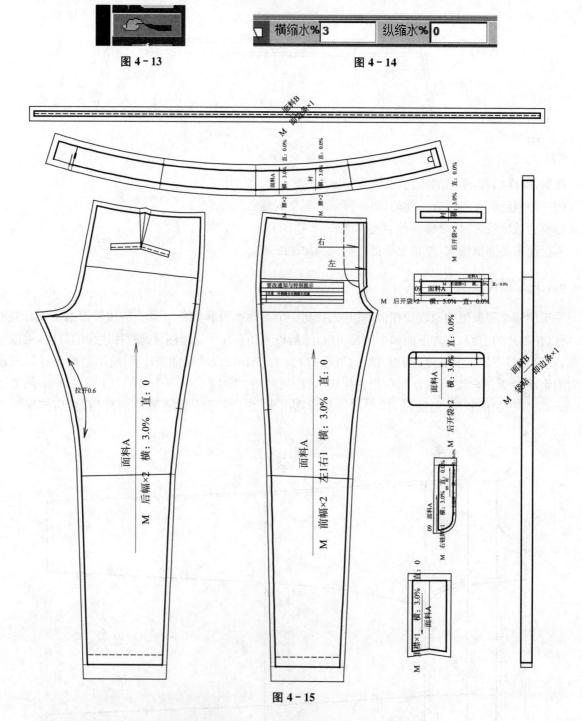

图 4-13

| 横缩水% | 3 | 纵缩水% | 0 |

图 4-14

图 4-15

8. 布料熨烫后会伸长怎样加缩水

如果是手工加缩水有时用现有的长度乘以缩水率，然后把这个数值减去，而不是加进去。

如果是电脑 CAD 加缩水，只需要在缩水工具中输入负数即可。

9. 横裁布料和保留蕾丝布料布边怎样加缩水

现代时装生产中,有时需要把布料横裁(图4-12),有时需要保留蕾丝布料的布边,在这两种情况下,布料缩水的方向和正常竖裁的方向是相反的(图4-13)。

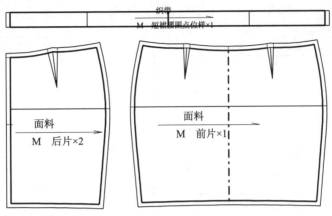

图4-16

实际缩水率为横-1%,直-1.5%。

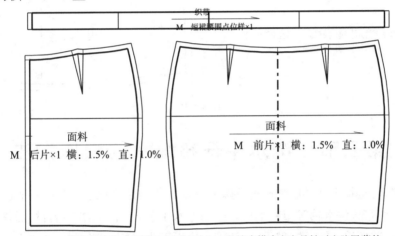

裁片竖直方向摆放。由于这种CAD的缩水横直方向是针对电脑屏幕的
横方向是直纱方向,应该输入1.5%,相应的直方向输入1%。

图4-17

排料时的状态见图4-18。

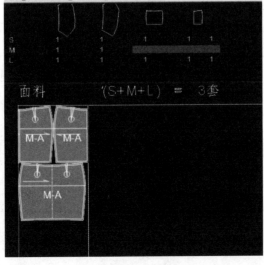

图4-18

如果把裁片横向放置,则在横方向输入－1％,竖方向输入－1.5％(图 4－19)。

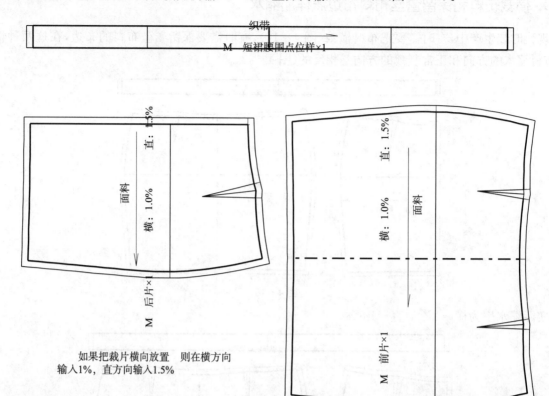

如果把裁片横向放置 则在横方向
输入1%, 直方向输入1.5%

图 4－19

第三节 洗水牛仔布缩水的操作方法

本节所说的洗水,是指牛仔类服装通过特殊的洗水方式使之变软、变色的一种工艺处理,牛仔洗水方法有很多种(当然麻布、洗水棉等布料也可以应用洗水工艺)。常见的有:普洗,石洗／石磨,酵素洗,砂洗,化学洗,漂洗,破坏洗,雪花洗,猫须洗,等等。这里以牛仔裤为例,同时也对牛仔裤版型的细节处理来做详细的阐述。

洗水牛仔布款式处理也有两种方式:

第一种是整匹布料先洗水,后裁剪。

第二种是成衣洗水。就是把衣服做好后再送洗水厂进行洗水。

这两种方式相对比:

第一种方式由于整匹布洗水后,纸样就不需要再加缩水率了,操作相对比较简单,

第二种的效果更加自然、美观一些。但是操作起来复杂一些,有的衣服上有拉链,辅助颜色的布料需要包扎起来才能进行洗水。

下面主要介绍第二种方式,即成衣洗水的方式。

1. 牛仔布的缩水率测试方法

取一块长度在 1m 左右牛仔布料,用比较明显的彩色显在上面缉一个 50cm×50cm 的矩形框(图 4－20),送到洗水厂洗水后再测量宽度和长度,洗水前和洗水后的差数乘以 2 就等于缩水率了。

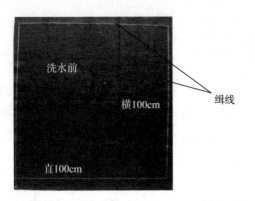

洗水前　横100cm　直100cm　　缉线　　洗水后　横95cm　直97cm

图 4 - 20

2. 牛仔洗水的板型和要领

首先我们来看一下牛仔洗水裤的尺寸和板型结构（图 4 - 21～图 4 - 24）。

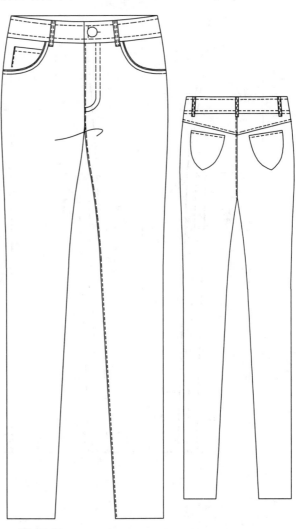

部位	测量方法	尺寸(cm)
外侧长	（连腰）	95.5
内侧长		73.5
腰围		79
臀围		89
腿围		53
膝围	（档下2.5度）	34.5
脚围		28
前档长	（不连腰）	17.7
后档长		27.7

图 4 - 21

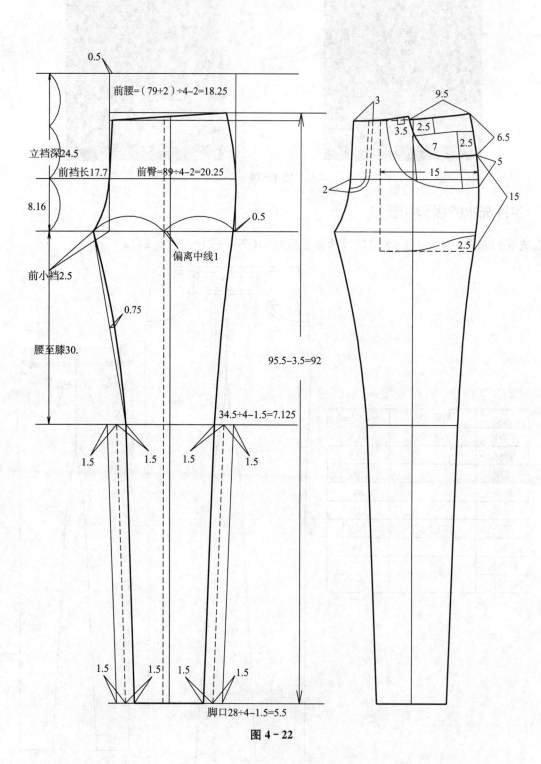

前腰=（79+2）÷4-2=18.25

立裆深24.5

前裆长17.7　　前臀=89÷4-2=20.25

8.16

0.5

偏离中线1

前小裆2.5

0.75

腰至膝30.

95.5-3.5=92

34.5÷4-1.5=7.125

1.5　　1.5　　1.5　　1.5

1.5　　1.5　　1.5　　1.5

脚口28÷4-1.5=5.5

0.5

0.5

3

9.5

3.5　2.5

7　2.5

6.5

5

15

2

15

2.5

图 4 - 22

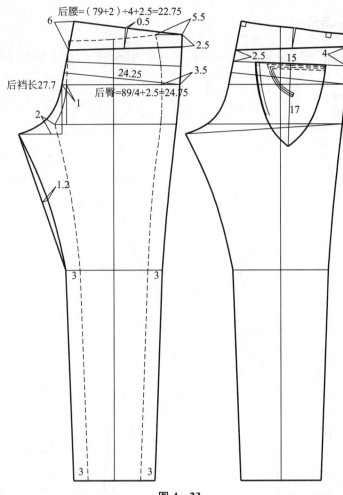

图 4 - 23

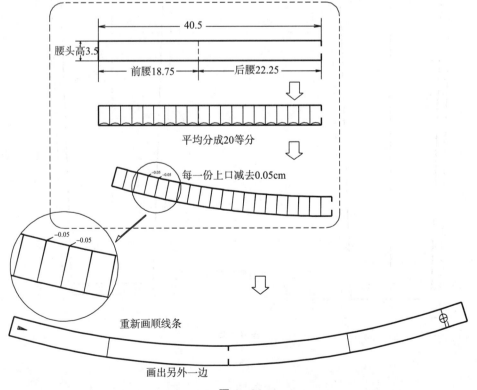

图 4 - 24

3. 牛仔裤生产要点分析

牛仔裤生产需要注意的细节问题比较多,下面按顺序对需要注意的事项进行分析(图4-25～图4-28)。

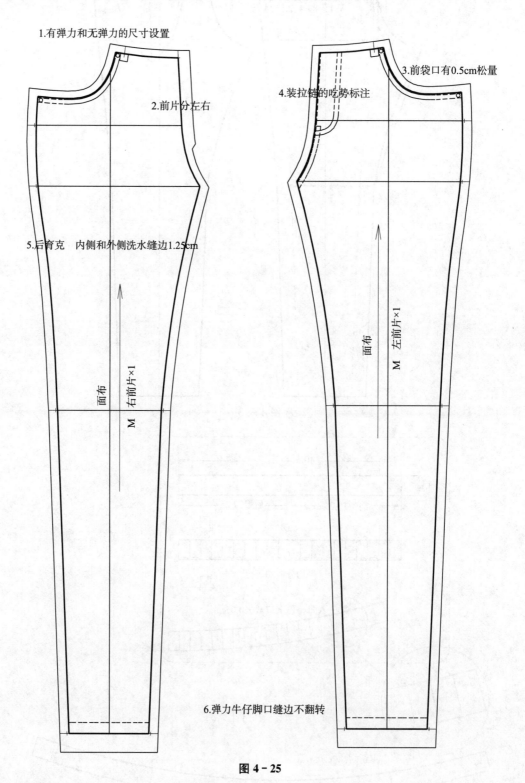

1.有弹力和无弹力的尺寸设置

2.前片分左右

3.前袋口有0.5cm松量

4.装拉链的吃势标注

5.后育克　内侧和外侧洗水缝边1.25cm

面布　右前片×1　M

面布　左前片×1　M

6.弹力牛仔脚口缝边不翻转

图4-25

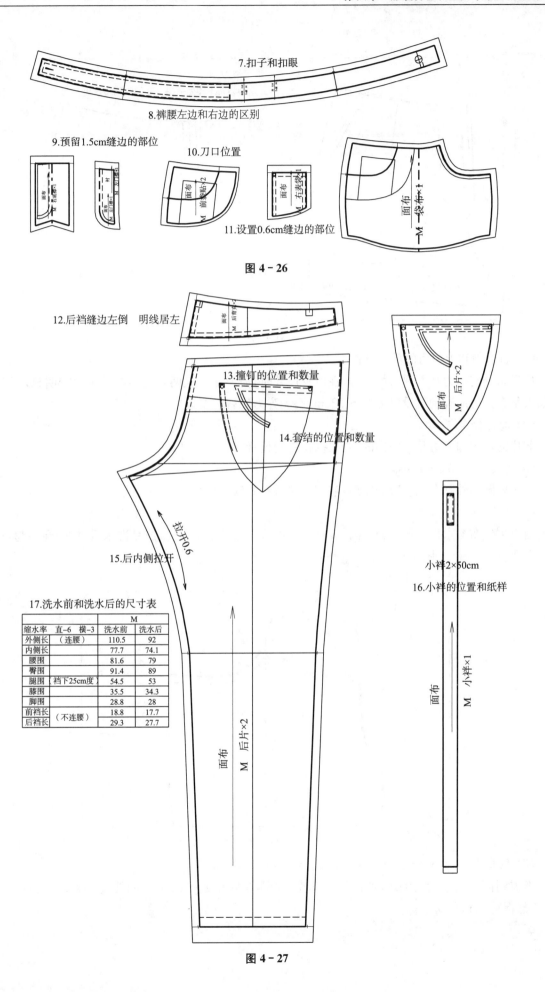

7.扣子和扣眼

8.裤腰左边和右边的区别

9.预留1.5cm缝边的部位

10.刀口位置

11.设置0.6cm缝边的部位

图 4 - 26

12.后裆缝边左倒　明线居左

13.撞钉的位置和数量

14.套结的位置和数量

15.后内侧拉开

拉开0.6

16.小裆的位置和纸样

小裆2×50cm

17.洗水前和洗水后的尺寸表

缩水率　直-6　横-3	M	
	洗水前	洗水后
外侧长　（连腰）	110.5	92
内侧长	77.7	74.1
腰围	81.6	79
臀围	91.4	89
腿围　挡下25cm度	54.5	53
膝围	35.5	34.3
脚围	28.8	28
前裆长　（不连腰）	18.8	17.7
后裆长	29.3	27.7

图 4 - 27

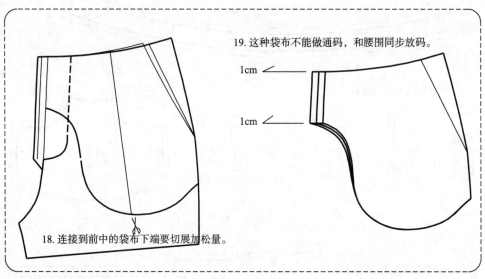

19. 这种袋布不能做通码，和腰围同步放码。

1cm

1cm

18. 连接到前中的袋布下端要切展加松量。

图 4 - 28

（1）有弹力和无弹力的尺寸设置

牛仔布分有弹力和无弹力两大类，在设置尺寸时，需要注意这两者之间的差别比较明显，M 码牛仔裤如果是有弹力的臀围可设置为 90～92cm，而无弹力的就需要设置为 93～95cm。

（2）前片分左右

前片的左边和右边是不一样的，要根据拉链的位置进行区分处理。

（3）前袋口有 0.5cm 松量

由于内圆和外圆存在差数的原理，前袋口保持有 0.5cm 的松量。

（4）装拉链吃势标注

由于牛仔布缩水率比较大的原因，装拉链要加入足够的吃势，否则成品洗水后，拉链会拱起，这个在纸样上要有文字注明（图 4 - 29）。

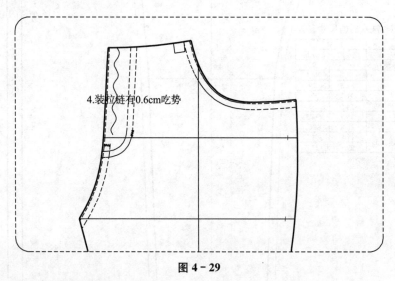

4.装拉链有0.6cm吃势

图 4 - 29

（5）后育克、内侧和外侧洗水缝边 1.25cm

考虑到面料洗水后会缩水，所以把后育克、内侧和外侧设为 1.25cm 的缝边。而腰口、袋口是翻转的，仍然保持 1cm 缝边。

（6）弹力牛仔脚口的缝边不翻转

脚口折边在缝纫的时候，由于缝纫机的压脚有压力的原因，会有所伸长，所以不需要做翻转折边处理，只延长线条即可。

（7）扣眼和扣子

扣眼距裤腰的前端1.25cm，扣子则位于另外一边的镜像线上（图4-30）。

（8）裤腰左边和右边的区别

一般情况下，当拉链在左边，里襟宽度为3.5cm时，右腰比左腰长出4.1cm，如果拉链位置和里襟宽度发生变化，裤腰两边的尺寸也会随着变化（图4-30）。

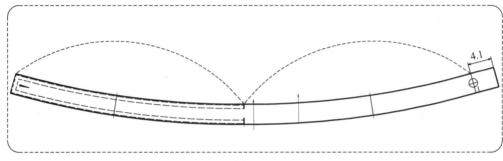

图4-30

（9）预留1.5cm缝边的位置

预留1.5cm缝边的位置有：右表袋上端，后袋上端，门襟和里襟的上端。

（10）刀口位置

注意侧缝和前袋贴的对位对口。

（11）设置0.6cm缝边的部位

预留0.6cm缝边的位置有：前袋贴下端，右表袋下端，前袋布下端。

（12）后裆缝边左倒，明线居左。

在这套纸样中，虽然后裆处的明线在右边，但是实际缝制的时候是在左边的，可以在裁片上加文字说明，因为后片的压明线是从上向下的。

（13）撞钉的位置和数量

注明撞钉的位置和数量，不可遗漏。

（14）套结的位置和数量

注明套结的位置、长度和数量，不可遗漏。

（15）后内侧拉开

后内侧缝比前内侧缝短，在裁片上要注明拉开的数值。

（16）小襻的位置和纸样

在前后裤片上注明小襻的位置，画出小襻纸样，如果是5个襻子，完成宽度为1cm，那么，小襻纸样只要画2cm×50cm的矩形框即可。

（17）洗水前和洗水后的尺寸表

牛仔缩水时，要把缩水前的尺寸和缩水后的尺寸写在纸样上，这样在缝制、洗水和整烫时都可以作为参考。

缩水率　直-6%　横-3%		M	
		洗水前	洗水后
外侧长	（连腰）	110.5	92
内侧长		77.7	74.1
腰围		81.6	79
臀围		91.4	89
腿围	（裆下25cm度）	54.5	53
膝围		35.5	34.3
脚围		28.8	28
前裆长	（不连腰）	18.8	17.7
后裆长		29.3	27.7

（18）连接到前中的袋布切展加松量，不可做通码

图4-31中为连接到前中的口袋布，由于口袋布的宽度和前腰围是相同长度的，需要注意两个事项：

① 一般牛仔布会有弹力，而口袋布是没有弹力的，有弹力的面布和无弹力的口袋布会产生冲突，就是穿着人体后口袋布被绷紧，而面布去无法自然舒展开，解决的方法是把口袋布下口切展，要加入至少2cm的松量。

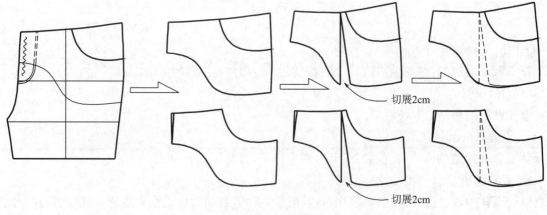

切展2cm

切展2cm

图4-31

② 在放码时，不能按照常规方式把口袋布做成通码，而是要和腰围同步放码（图4-32）。

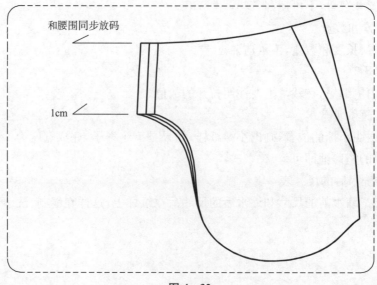

和腰围同步放码

1cm

图4-32

③ 完整裁片见图 4-33。

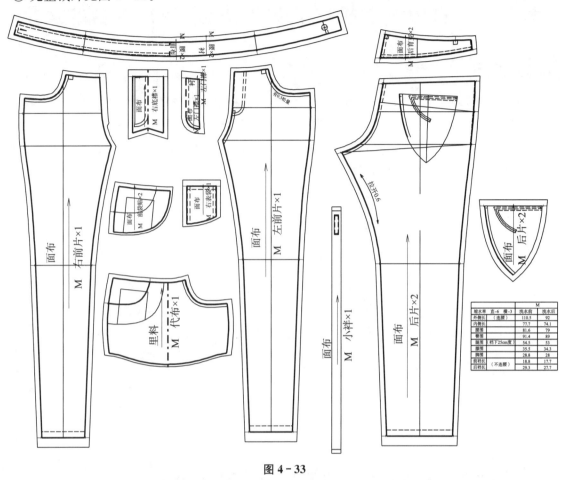

缩水率 直-6 横-3	M	
	洗水前	洗水后
外侧长（连腰）	110.5	92
内侧长	77.7	74.1
腰围	81.6	79
臀围	91.4	89
膝围（裆下25cm度）	54.5	53
脚围	35.5	34.3
脚围	28.8	28
前裆长（不连腰）	18.8	17.7
后裆长	29.3	27.7

图 4-33

第四节 排料怎样加缩水

排料加缩水是指使用服装专用 CAD 排料时，这种 CAD 在排料文件打开后都有加缩水的输入框，只需要把经纱方向缩水（竖方向）和纬纱方向缩水（横方向）的缩水率输进去即可（图 4-34）。

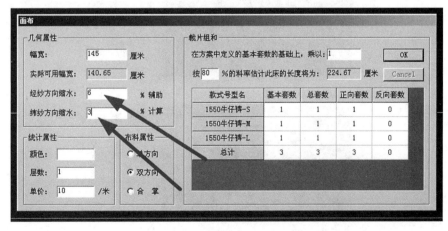

图 4-34

如果要撤销缩水率，只需要重新打开放码文件，或者把上次排料文件打开，重新输入新的缩水率。

第五节 打板中手机摄像输入法与 CAD 结合的运用

1. 调入底图

使用 ET—CAD 调入底图功能,不需要其它设备,就可以把用相机和手机的照片,通过比例变换的功能变成 1:1 的实际尺寸,这种技术简单便捷,在没有读图板的情况下也能很快把照片的图像变成裁片。

第一步,用相机或者手机对裁片和底稿拍照,注意要把相机和手机放在桌子的边缘,底稿放在地上,镜头和地面要平行,这样拍出来的照片比例误差就会比较小(图 4 - 35)。

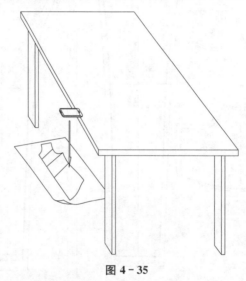

图 4 - 35

2. 通过手机助手(应用宝)或者 QQ 发送到我的电脑上(图 4 - 36)

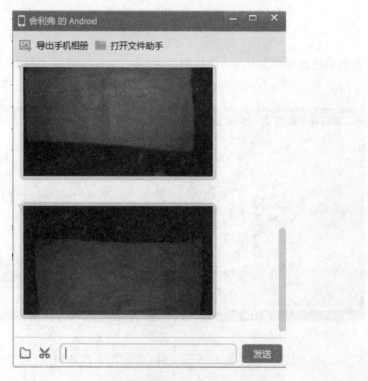

图 4 - 36

复制并粘贴到桌面或者其它位置(图4-37)。

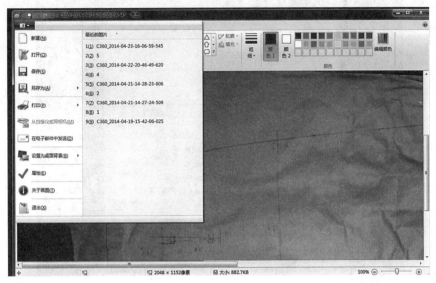

图4-37

3. 另存为位图

那么什么是位图呢?

位图也称为点阵图像,是由称作像素的单个点组成的。ET服装CAD的"文件/调入底图"功能可以将这种格式的图像打开在界面上。

双击打开这个图片→单击"打开方式"→单击"画图"→另存为→输入位图名称或者代号→保存类型选择"24位位图"→保存。

(或者按鼠标右键→单击"打开方式"→单击"画图"→另存为→输入位图名称或者代号→保存类型选择"24位位图"→保存)(图4-38)。

图4-38

按文件→调入底图→找到所需要的位图→打开(图4-39、图4-40)。

图 4 - 39

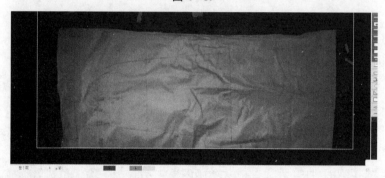

图 4 - 40

以上为 w7 系统的转化为 24 位图的方法，

而 XP 系统操作转化为位图的方法是：

1. 先双击打开图片→右键→打开方式→文件→另存为→24 位图→输入位图名称或者代号→保存类型选择"24 位位图"→保存(图 4 - 41、图 4 - 42)。

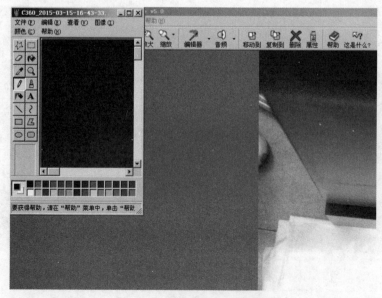

图 4 - 41

图 4 - 42

（或者按鼠标右键→外壳扩展→编辑→文件→另存为→输入位图名称或者代号→保存类型选择"24
位位图"→保存。）

这个位图可以像打板一样进行放大、缩小、选择、平移，用智能笔画出轮廓线和结构线（图 4 - 43）。

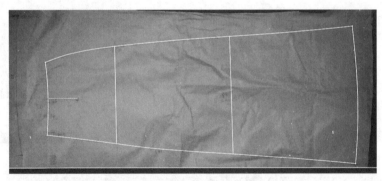

图 4 - 43

5. 关闭底图

把图关闭（图 4 - 44）

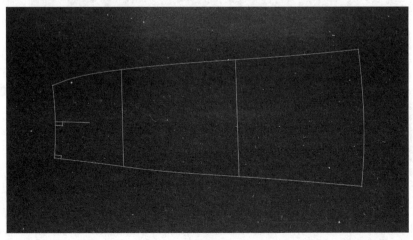

图 4 - 44

6. 使用"比例变换"的功能改变尺寸。

把当前的图形调成 1∶1 的尺寸。

调尺寸的方法是,测量出实际尺寸如外侧长为 65 cm(横方向),摆围为 39cm,(纵方向),而电脑当前图形尺寸中,外侧长为 28 cm,下摆为 17.3 cm,就用

65 除以 28＝2.32142857

39 除以 17.3＝2.2543352

把这两个数输入比例变换的输入框,框选所有参与要素,右键结束,比例就调好了。

第六节　ET 服装 CAD 怎样算羽绒服的充绒量

在制作羽绒服时,我们会遇到计算每一个裁片的充绒量的问题,传统的手工打板和手工充绒计算方法有两种:

第一种是把总绒量分为 3 等分,其中前片、后片各占 1/3,袖子领子等其它小裁片占 1/3。但这种方法不够精确,仅适用于量身定制的单件方式。

第二种是按照裁片的重量来分配充绒量,即先称出样板的总重量,然后再分别称出每个裁片充绒部位样版的重量,这样我们就可以根据充绒总量算出每个裁片的充绒量了。

现在我们使用 ET 服装 CAD,可以根据总面积和局部裁片的面积来精确计算充绒量。

以一款羽绒背心为例(图 4-45),首先我们把需要充绒的裁片只写一种面布属性单独另存为一个文件。

左键点击右边图标工具栏下方的裁片信息(图 4-46)。

图 4-45

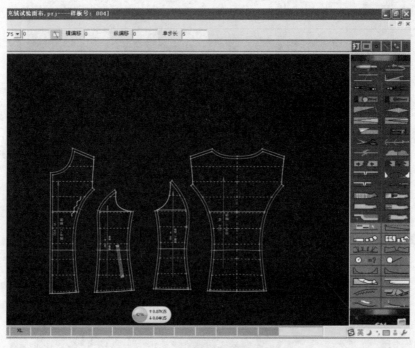

图 4-46

点击左下方向左箭头可以展开裁片信息,点击向右箭头可以收起裁片信息(图 4-47)。

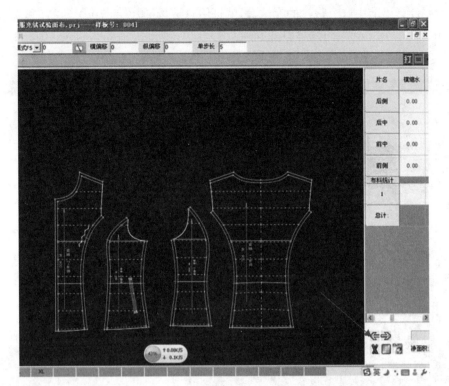

图 4 - 47

拖动滑动条可以察看裁片信息(图 4 - 48)。

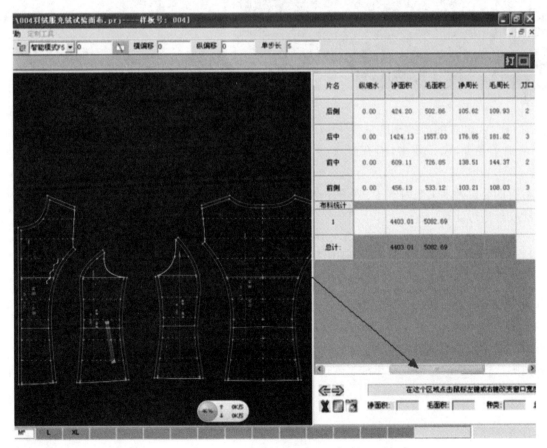

图 4 - 48

例如:我们要计算出前中这个裁片的充绒量,就是用总绒量(假设为 70g)÷总面积
$4403cm^2 \approx 0.01589g/cm^2$,而前中裁片的净面积为 $609.11cm^2$,用 $609.11 \times 0.01589 \approx 9.67g$(图 4 - 49)。

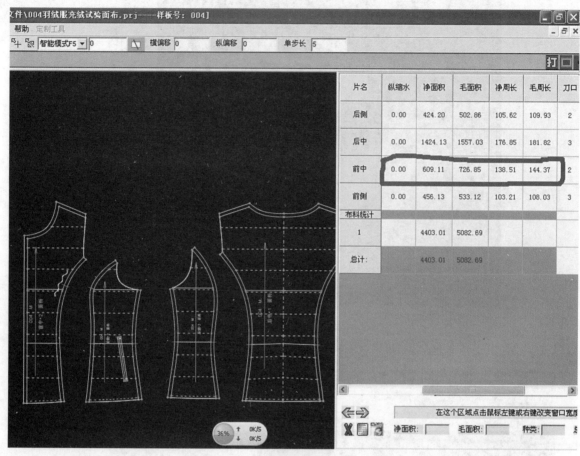

图 4 - 49

注意每个公司对细部的充绒量要求是不同的,有的公司前后身要求相同,有的要求前后不同。有的要求袖子要少,领子要多,但有的又要求袖子和领子一样但比大身少。遇到这样的情况要灵活处理。

还有的公司做羽绒服时领子、帽子、门襟是不需要充绒,采用敷棉来代替,这种情况就要把这几个裁片排除在外进行计算。

第七节　双面呢的手工缝制技术

双面呢服装高档美观,工艺独特,制作精美,外观没有线迹,可以两面穿,是一种比较高档的服装类型。

第一步.打板与裁片

双面呢款式打板的缝边宽度与常规款式有所不同,是把所有的裁片四周全部加 0.5cm 缝边(图 4 - 50)。

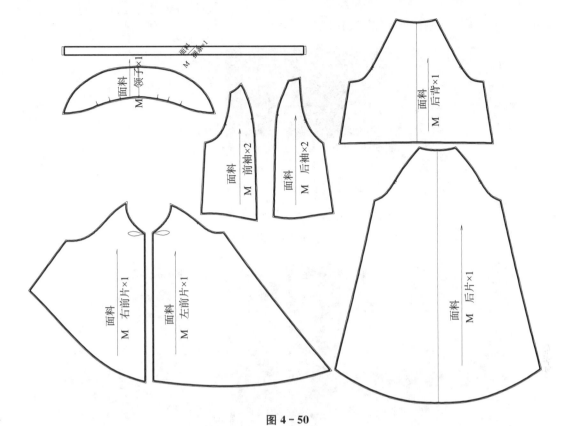

图 4 - 50

注意事项:

(1) 裁片顺毛向下裁,只有翻领的领子逆毛向上裁剪,缝边宽度为 0.5cm。

(2) 裁片边缘要整齐,不可打刀口。

第二步缉定位线

在所有裁片的边缘缉定位线,宽度为 1.1 cm,不需要选用和面料颜色相配的线,任何颜色的线都可以,因为这些线在衣服完成后需要拆掉(图 4 - 51)。

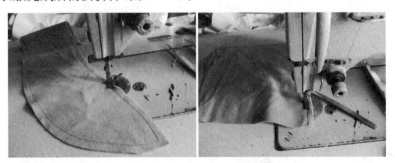

图 4 - 51

第三步开缝,即撕开夹层,用小剪刀剪开连接的线(图 4 - 52)。

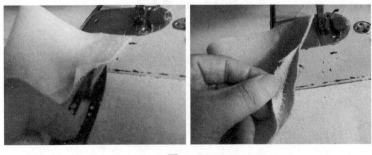

图 4 - 52

也可以使用开缝机,也称剖缝机来完成(图4-53)。

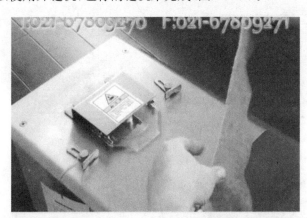

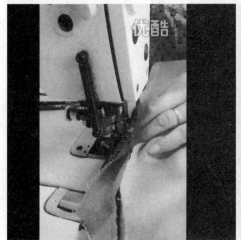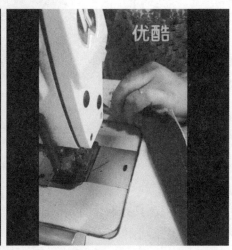

图4-53

第四步烫防长衬条(图4-54~图4-56),这种衬条也称线衬,没有弹性,主要起到固定长度和定型的作用。烫衬条要注意:

首先要分清是哪一片包住另外一片的,通常都是后片包住前片,插肩袖是袖片包住衣片,领子包住衣身,袖子包住衣身。凡是后片通常要在面层烫衬条,而被包住的就不需要缉定位线,也不需要撕开夹层烫衬条了。

开缝以后,烫衬条之前要把裁片抻一抻;再在底层烫衬条,最后闭合起来烫一下。

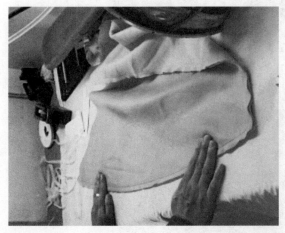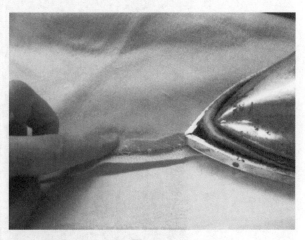

图4-54　　　　　　　　　　　　　　　　　　　图4-55

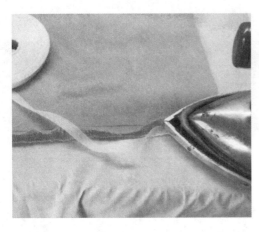
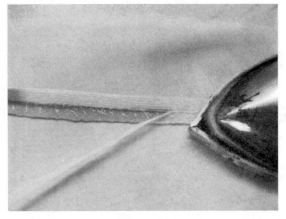

图 4 - 56

凡是边缘的部位,如门襟、下摆、袖口、领子的边缘,面层和底层都要烫衬条,衬条不要超出裁片的边缘。

第五步缝合转角,缝边宽度为 0.5 cm(图 4 - 57)。

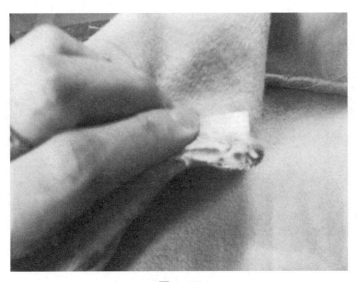

图 4 - 57

第六步缝合后片的底层和前片(前片的面层和底层是在一起的),缝边宽度为 0.5 cm(图 4 - 58~图 4 - 62)。

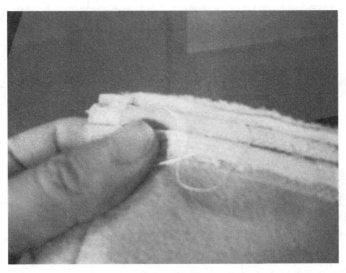

图 4 - 58

第七步手工拱针缝合。针距小于 0.5 cm，针迹均匀，细密，（图 4 - 59）。

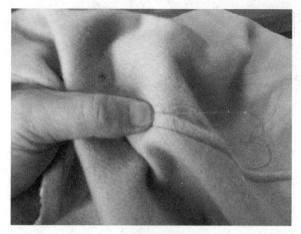

图 4 - 59

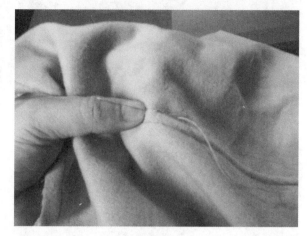

图 4 - 60

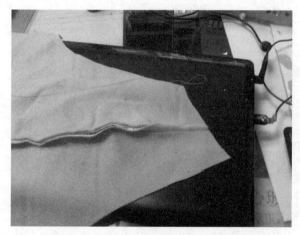

图 4 - 61

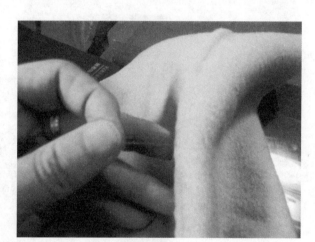

图 4 - 62

手工挑缝的要点

连接的针迹是接近垂直的，向前拱的针迹是斜的（图 4 - 63～图 4 - 66）。

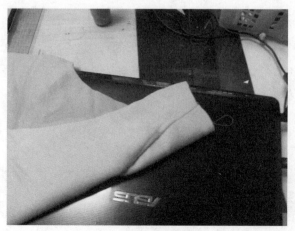

图 4 - 63

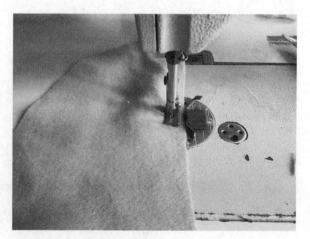

图 4 - 64

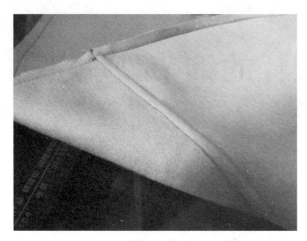

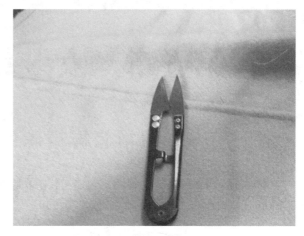

图 4 - 65　　　　　　　　　　　　　　　　　图 4 - 66

第八步最后把明线拆掉,再整烫一下,一件高档的双面呢大衣就完成了(图 4 - 67)。

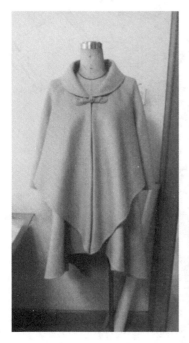
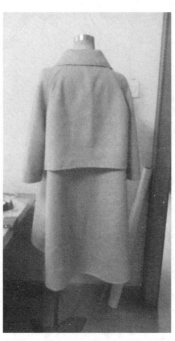
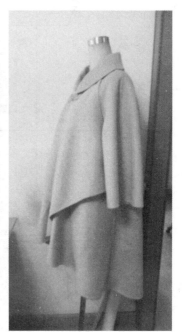

图 4 - 67

第五章　女装纸样的细节处理

第一节　针织衫怎样精确计算领圈条和领圈之间的比例

这款宽松针织长衫的领圈尺寸是前领圈半围 14.5cm，后领圈半围 11.6cm，再乘以 2 等于全围 52.2cm，而领圈条的长度为 41.7cm（图 5-1）。

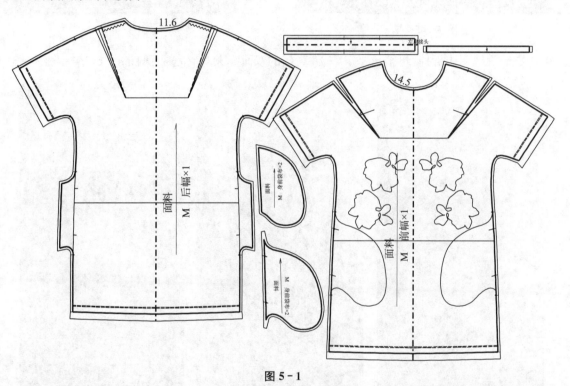

图 5-1

计算每一段领圈条的缩短比例后的尺寸。方法是用领圈条的长度除以领圈长度等于这两者之间的比例值，即 $41.7 \div 52.2 \approx 0.798$，那么前领刀口的位置就为，前领圈（半围）$14.5 \times 0.798 = 11.58$ cm，后领圈刀口位置为 $11.6 \times 0.798 = 9.26$cm（图 5-2）。

图 5-2

第二节　连衣裙里布怎样横向加松量

在制作有里布的连衣裙时，里布要有少量的松量，由于连衣裙是夏季穿着的服装，所采用的面料一般比较薄和比较透，不能像西装那样设置后中活褶，因为这样做，从面布可以看到这个部位和其它部位的厚度和颜色不一致。关于连衣裙里加松量，在面布和里布弹力基本一致的情况下，我们可以分为四种不同的情况来处理。

1. 有袖子,侧缝装隐形拉链

可以采用在裁片中间拉伸 0.3cm 的方式(图 5 − 3),样既能使里布有松量,又能保持袖窿和领圈的尺寸不受影响。

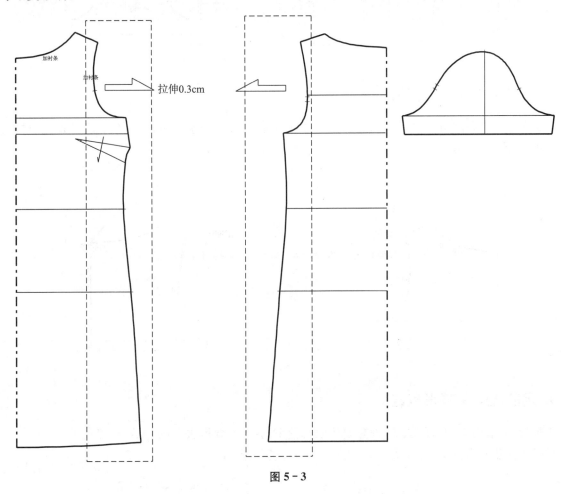

图 5 − 3

2. 无袖,侧缝装隐形拉链(图 5 − 4)

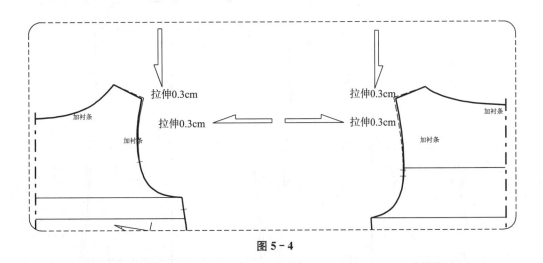

图 5 − 4

无袖,侧缝装隐形拉链的款式经过图 5 − 4 的拉伸处理后,反而里面布没有松量,袖窿变小了,这是因为无袖的款式袖窿完成后,面布会翻转一部分到里布上的缘故(图5-5)。

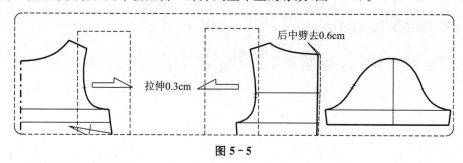

图 5-5

3. 有袖,后中装隐形拉链

如果是有袖,后中装隐形拉链的款式,袖窿向外拉伸,后中要劈去 0.6cm,这个 0.6cm 是隐形拉链反面需要的间距(图5-6)。

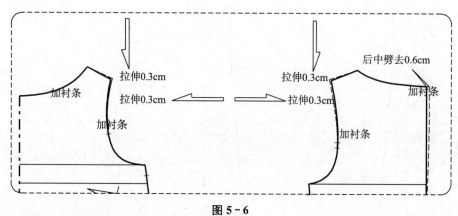

图 5-6

4. 无袖,后中装隐形拉链

无袖,后中装隐形拉链的款式,袖窿要比面布稍小,后中也要劈去 0.6cm(图5-7)。
另外如果面布有弹力,里布无弹力,可以把里布设置成斜纹。

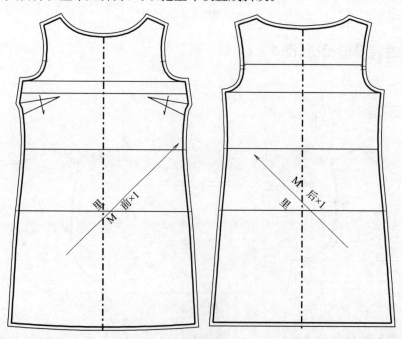

图 5-7

第三节　分段收皱

为了使前胸中间和两侧皱量较少,胸高点上方皱量较多,如图5-8所示款出现分段收皱的情况。

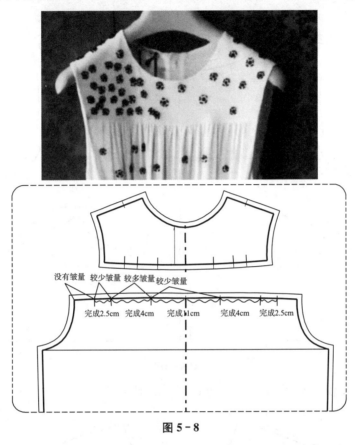

图 5 - 8

第四节　注明捆条完成后的长度

详见图5-9。

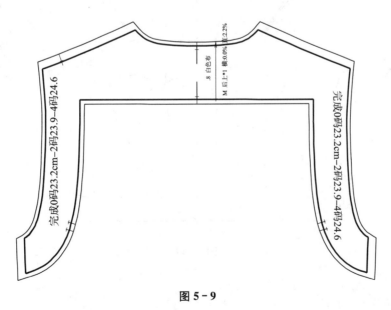

图 5 - 9

第五节　打孔位的四种情况处理

打孔位的处理,用在省尖通常是这样处理的(图5-10),但是遇到特殊情况的时候,就会有所改变。

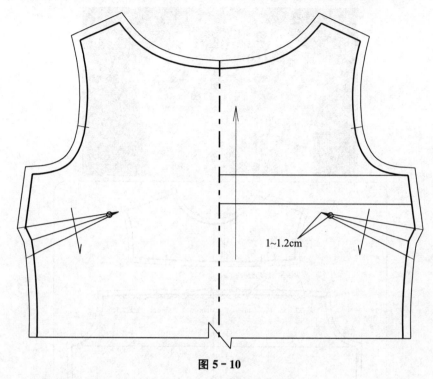

1~1.2cm

图5-10

(1)比较长,省量比较小的尖形省,在2.5cm处打孔(图5-11)

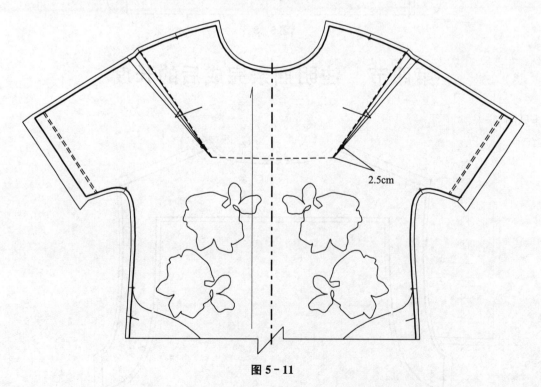

2.5cm

图5-11

（2）比较短，省量比较大，在 0.5cm 处打孔（图 5－12）

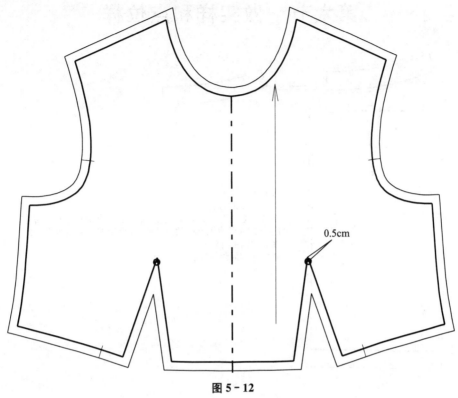

0.5cm

图 5－12

（3）口袋在口袋位的角上打孔（图 5－13）

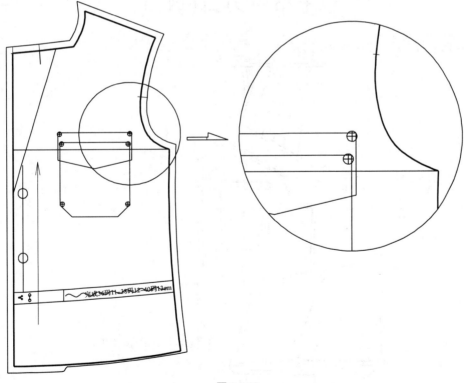

图 5－13

第六节 做实样和点位样

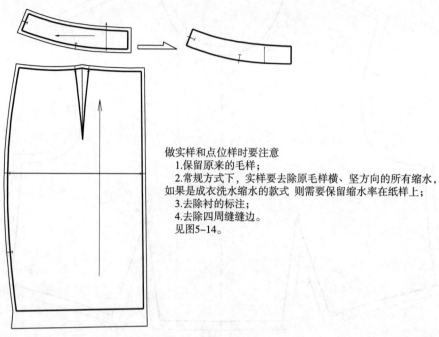

做实样和点位样时要注意
  1.保留原来的毛样；
  2.常规方式下，实样要去除原毛样横、坚方向的所有缩水，如果是成衣洗水缩水的款式 则需要保留缩水率在纸样上；
  3.去除衬的标注；
  4.去除四周缝缝边。
  见图5-14。

图 5-14

第七节 刀口(剪口)

（1）急转弯处打三个刀口(图 5-15)

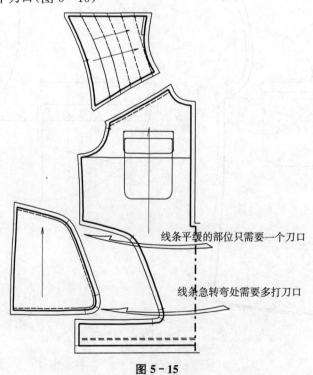

线条平缓的部位只需要一个刀口

线条急转弯处需要多打刀口

图 5-15

（2）区分裁片中和侧的刀口

凡是裁片的侧边和后中（前中）长度相等或者相近，要在侧边多打刀口，用来区别中和侧（图5-16）。

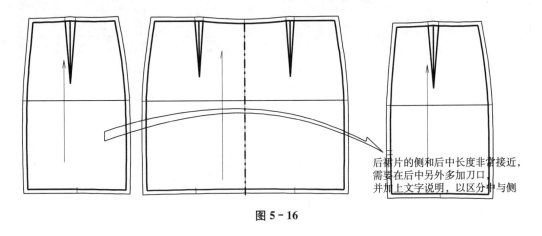

后裙片的侧和后中长度非常接近，需要在后中另外多加刀口，并加上文字说明，以区分中与侧

图5-16

第八节　特殊缝角

特殊缝角是相对于片普通缝角而言的，我们把常规的缝角称为普通缝角，出于缝纫的方便而特别设置的缝角为特殊缝角（图5-17、图5-18）。

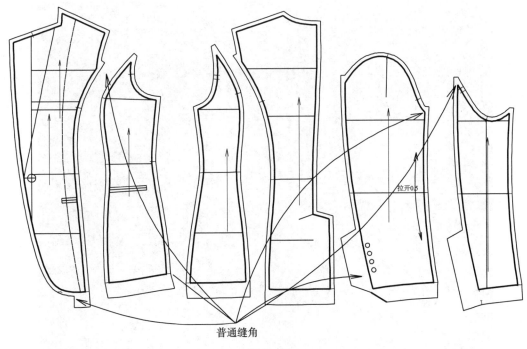

拉开0.5

普通缝角

图5-17

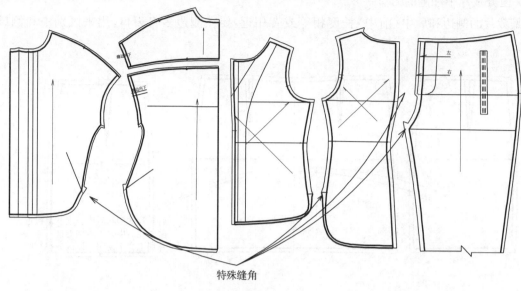

特殊缝角

图 5 - 18

第九节　放码

（1）打孔位置的放码不可遗漏（图 5 - 19）

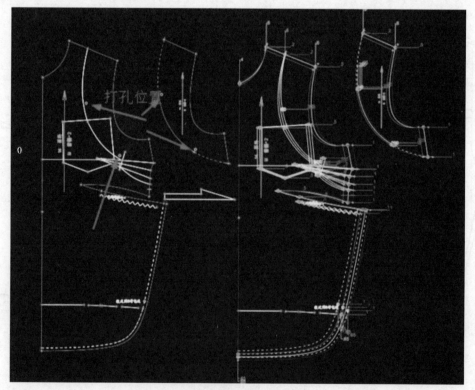

图 5 - 19

（2）图案靠近分割线的要保持分割线的距离为通码(图5-13～图5-22)

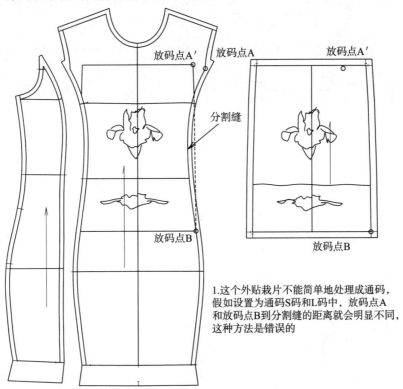

放码点A′　放码点A　　　放码点A′

分割缝

放码点B

放码点B

1.这个外贴裁片不能简单地处理成通码，假如设置为通码S码和L码中，放码点A和放码点B到分割缝的距离就会明显不同，这种方法是错误的

图 5-20

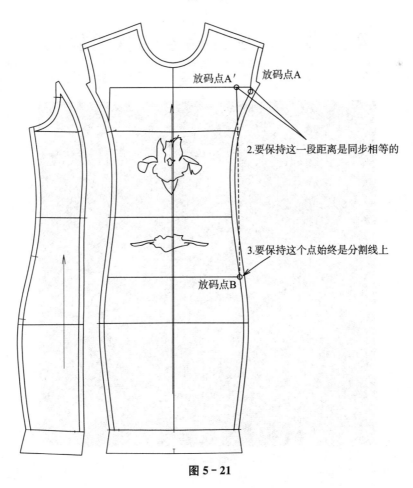

放码点A′　放码点A

2.要保持这一段距离是同步相等的

3.要保持这个点始终是分割线上

放码点B

图 5-21

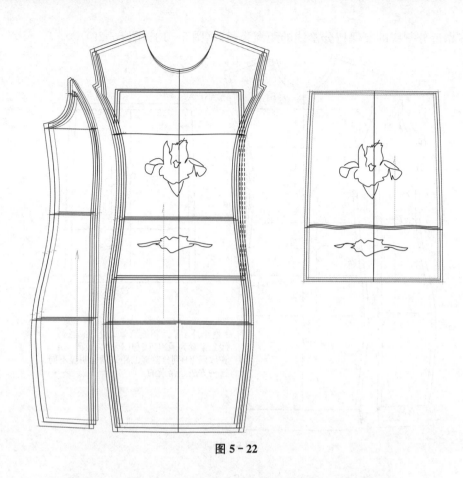

图 5－22

第十节　前后片相连的款式放码

见图 5－23。

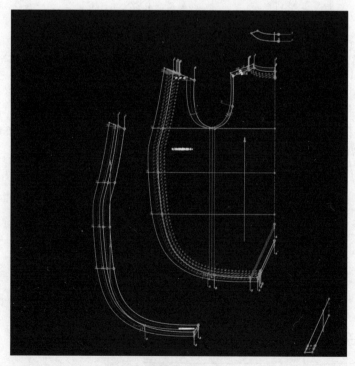

图 5－23

第十一节　怎样检测放码文件

放码是一项责任非常重的工作,尤其是 CAD 放码,由于电脑界面比较小,很多文字需要放大才能看清楚,而头版纸样有失误只需要换裁片就能解决,如果放码有问题,往往损失将无法补救,因此,放码文件的检查非常重要,实际工作中,检查的方法:①自检;②有经验的板房主管检查;③做齐色齐码的样衣;④打印模拟拼合;⑤模拟排料。

其中,在时间比较充足的情况下,通过自检,有经验的板房主管帮助检查和做出不同颜色、不同码数的样衣,这样可以检查出非常细小的问题。

而时间紧凑的情况下,来不及做其它颜色和码数的样衣,这时可以把最大码或者最小码的纸样打印出来,然后进行拼合检查。这种方法等于把样衣模拟着做了一遍,还可以检查出裁片属性方面的问题,是在实际工作中经常采用的方法。

模拟排料主要是检查裁片的码数、属性和片数方面的问题。

第六章　缝制工艺对纸样形状的影响

不同的缝制工艺会导致纸样形状发生变化,因此,真正的纸样高手必须精通缝纫技术,而缝纫技术往往需要 3～5 年的工厂实际操作经验的积累才能够运用自如。服装爱好者应该在缝纫技术方面多下功夫,最好能达到单独完成成件的技术水平。

第一节　宝剑头袖衩的做法

见图 6-1～图 6-10

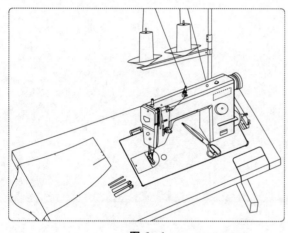

图 6-1

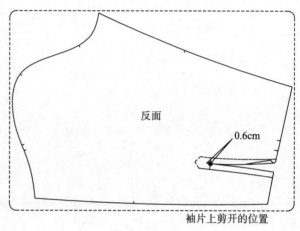

反面

0.6cm

袖片上剪开的位置

图 6-2

大袖衩　小袖衩

实样的形状

图 6-3

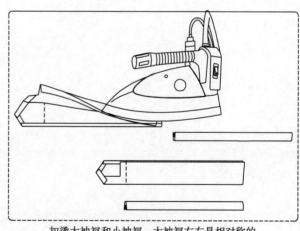

扣烫大袖衩和小袖衩,大袖衩左右是相对称的。

图 6-4

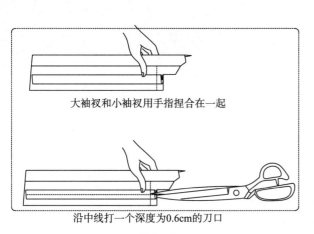

大袖衩和小袖衩用手指捏合在一起

沿中线打一个深度为0.6cm的刀口

图 6 - 5

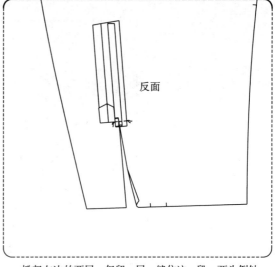

反面

掀起左边的两层，仅留一层，缝住这一段，两头倒针

图 6 - 6

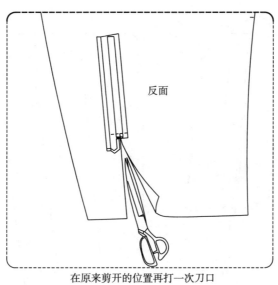

反面

在原来剪开的位置再打一次刀口

图 6 - 7

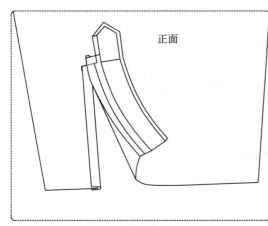

正面

翻转过来

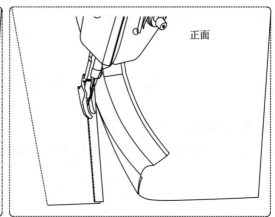

正面

缝住小袖衩

图 6 - 8

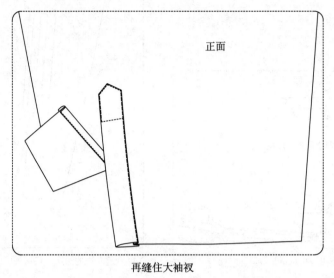

再缝住大袖衩

图 6 - 9

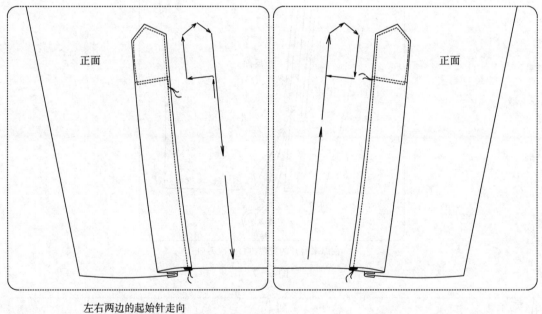

左右两边的起始针走向

图 6 - 10

第二节　暗线装口袋的的做法

第一种，比较大的口袋安装方法。

第一步：拼合前中和裁片，开缝烫平，画出口袋的位置（图 6 - 11）。

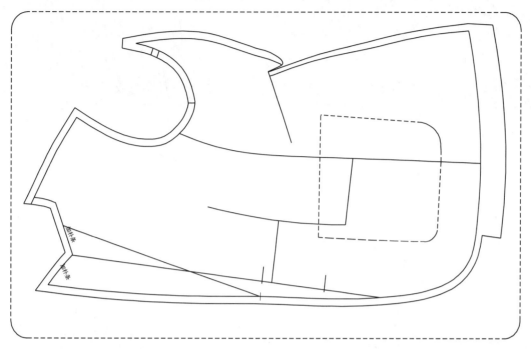

图 6 - 11

第二步:沿着口袋包烫的痕迹,和口袋位置线相缝合,转角要求圆顺(图 6 - 12)。

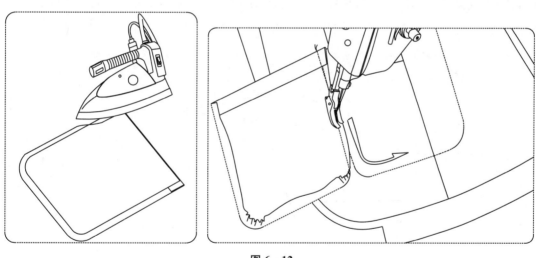

图 6 - 12

第二种,比较小的口袋安装方法。

如果口袋比较小,缝纫机的机头很难放进去操作,这时可以改变一下操作方法。

第一步:先把口袋放在衣片上,把针距调大一些,因为这条线在口袋完成后是要拆除的,沿口袋正面边缘先缉一道线,不需要回针(图 6 - 13)。

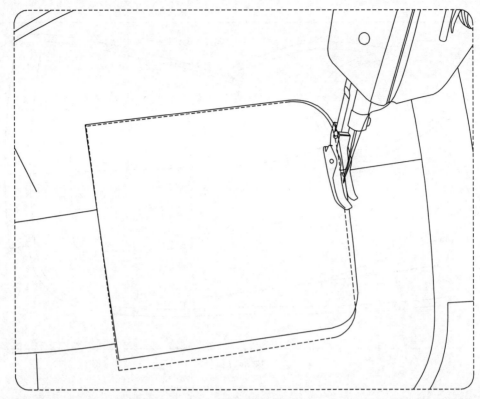

图 6 - 13

第二步:缉口袋里面的线,由于口袋外面已经被固定,不会发生移动和错位的现象了(图 6 - 14)。

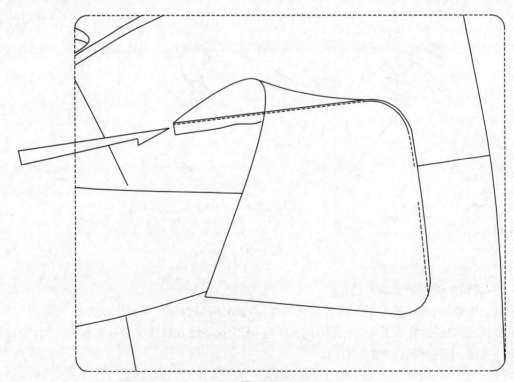

图 6 - 14

第三步:最后把外面的线拆掉,用熨斗烫平即可(图 6 - 15)。

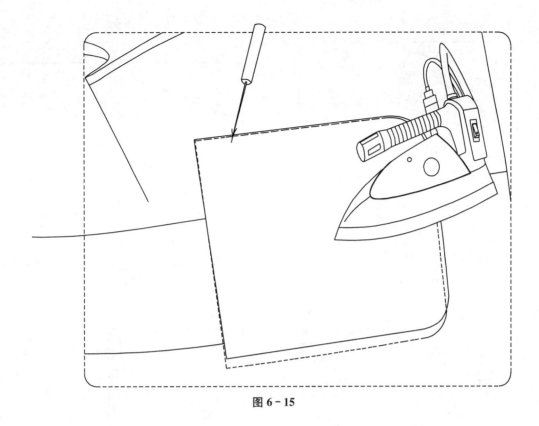

图 6 - 15

第三节　T 恤门襟四种做法的比较和裁片形状

第一种，内贴门襟的方式（图 6 - 16～图 6 - 23）。

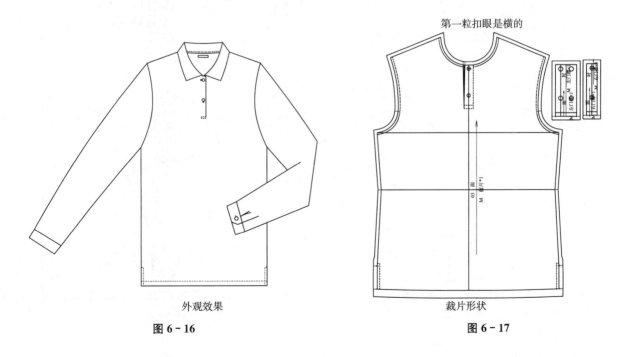

外观效果

图 6 - 16

裁片形状

图 6 - 17

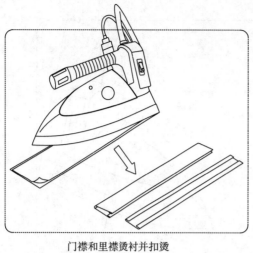

门襟和里襟烫衬并扣烫

图 6 - 18

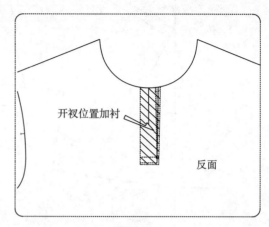

开衩位置加衬

反面

图 6 - 19

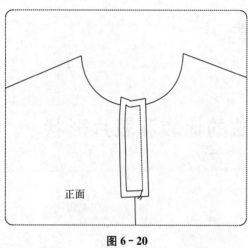

正面

图 6 - 20

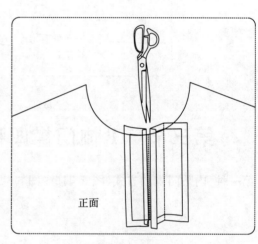

正面

图 6 - 21

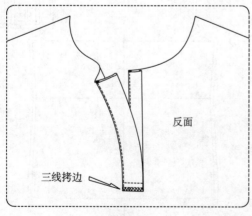

三线拷边

反面

图 6 - 22

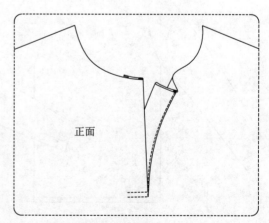

正面

图 6 - 23

第二种,打三角形刀口,下端毛边(图6-24～图6-31)。

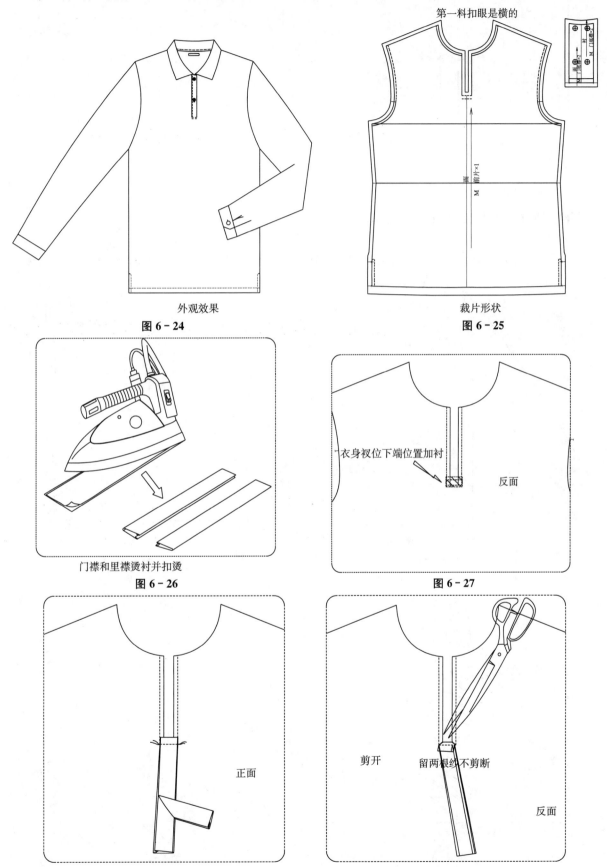

外观效果

图6-24

第一料扣眼是横的

裁片形状

图6-25

门襟和里襟烫衬并扣烫

图6-26

衣身衩位下端位置加衬

反面

图6-27

正面

图6-28

剪开　留两根纱不剪断

反面

图6-29

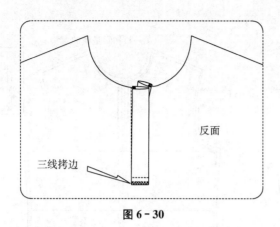

图 6 - 30

图 6 - 31

第三种,打三角形刀口,下端折光(图 6 - 32～图 6 - 39)。

外观效果

图 6 - 32

裁片形状

图 6 - 33

门襟和里襟烫衬并扣烫

图 6 - 34

图 6 - 35

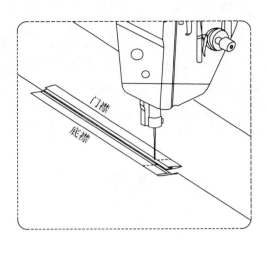

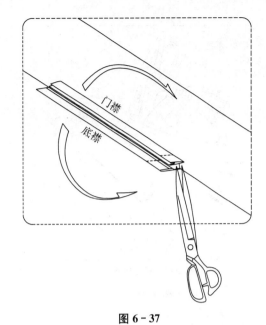

图 6 - 36

图 6 - 37

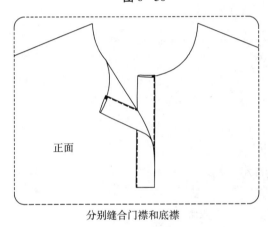

分别缝合门襟和底襟

图 6 - 38

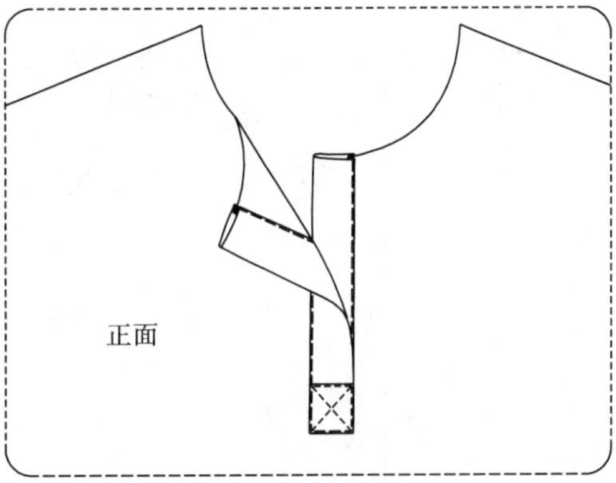

下端定位封头

图 6 - 39

第四种，同袖衩的做法(图 6 - 40～图 6 - 46)。

外观效果

图 6 - 40

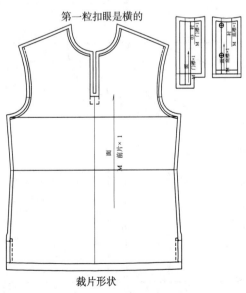

第一粒扣眼是横的

裁片形状

图 6 - 41

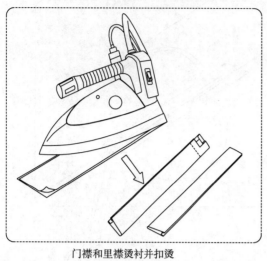

门襟和里襟烫衬并扣烫

图 6 - 42

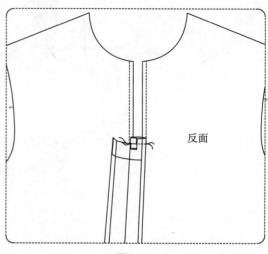

反面

图 6 - 43

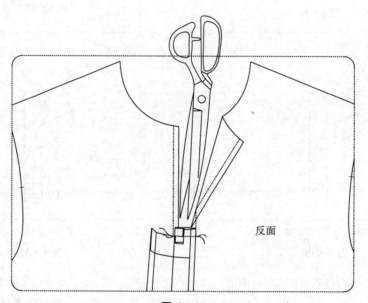

反面

图 6 - 44

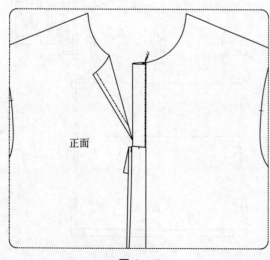

正面

图 6 - 45

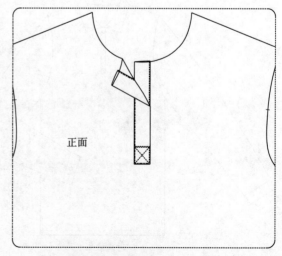

正面

图 6 - 46

这四种方法的比较：

第一种方法比较美观，但是由于缝边太小，需要加衬或者衬条固定；

第二种方法适合于针织布料，但是容易出现破洞的弊病；

第三种适合于比较薄的面料；

第四种稍复杂，但是非常整齐，牢固。

第四节　下摆折边两种做法的区别

见图 6 - 47、图 6 - 48。

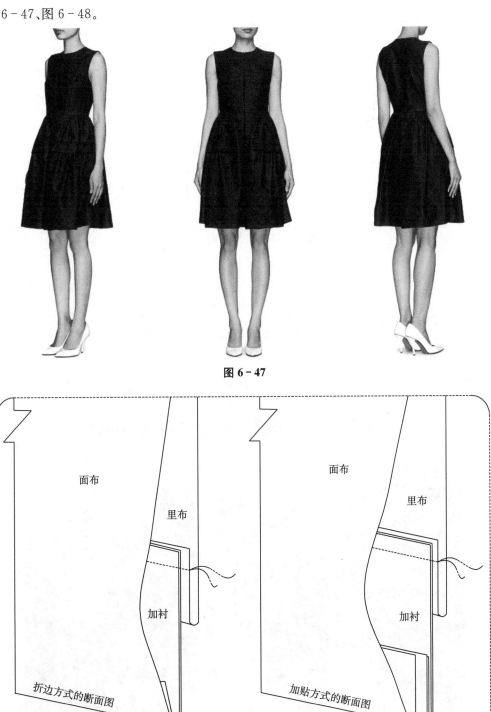

图 6 - 47

图 6 - 48

如果希望下摆悬垂性大一些,可采用折边方式。

如果希望下摆更加厚一些,硬度大一些,能够撑开一些,可采用加贴的方式。

第五节　连衣裙里布做领圈贴的方法

有的面料比较厚,而且比较粗糙,不适合做领贴,这种情况下可以采用里布做领贴的方式。里布领贴和面布领贴的区别是里布领贴是双层里布加双层衬(图6-49)。

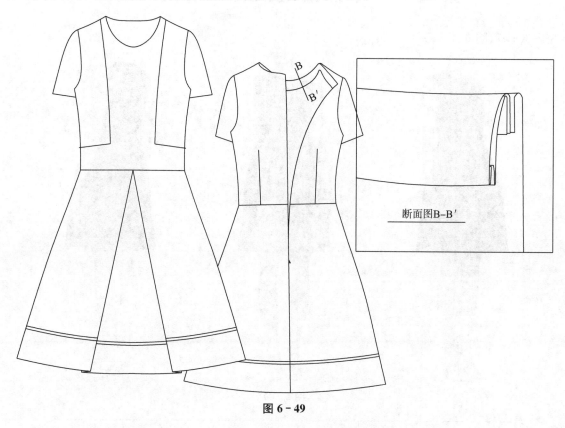

断面图B-B′

图6-49

第六节　自带隐形拉链布边捆条

见图6-50、图6-51。

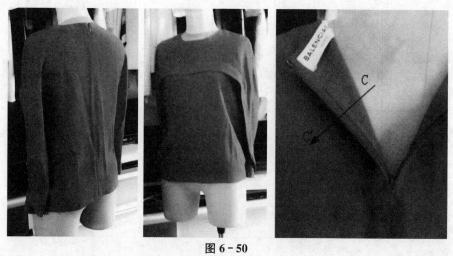

图6-50

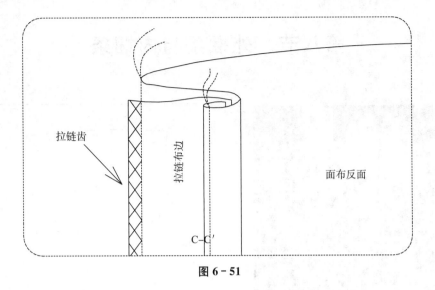

图 6 - 51

第七节　鱼骨的穿法

见图 6 - 52～图 6 - 54。

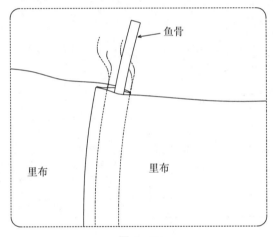

图 6 - 52

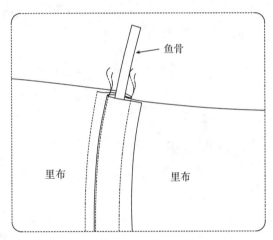

图 6 - 53

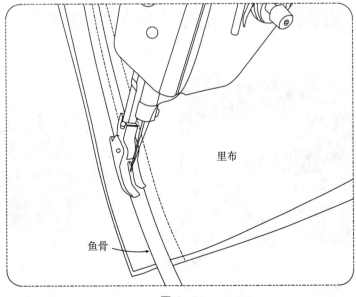

图 6 - 54

第八节　外捆条与内捆条

见图 6-55～图 6-57。

图 6-55

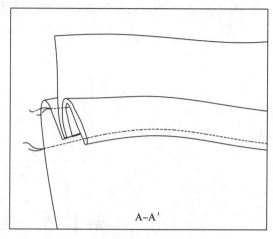

A-A'

图 6-56

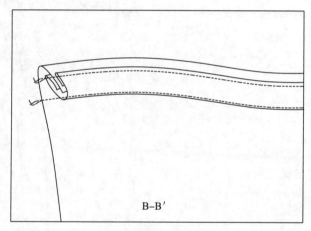

B-B'

图 6-57

第九节　封闭式里布的挑边方法

挑脚机的类型(图 6-58)

图 6-58

挑脚机的线迹（图6-59）

图6-59

挑脚的位置（图6-60）

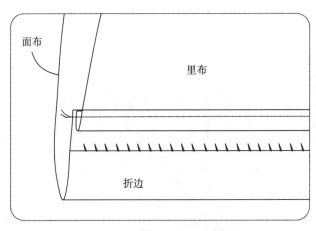

图6-60

第十节　裙后衩有里布和无里布的裁片形状区别

（1）没有特殊说明和要求的情况下，后衩默认为完成后左边盖住右边（图6-61）

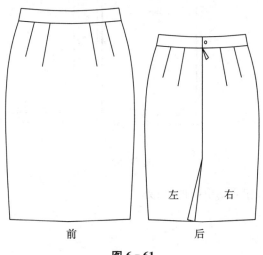

图6-61

（2）有里布的裁片形状和数量（图6-62）

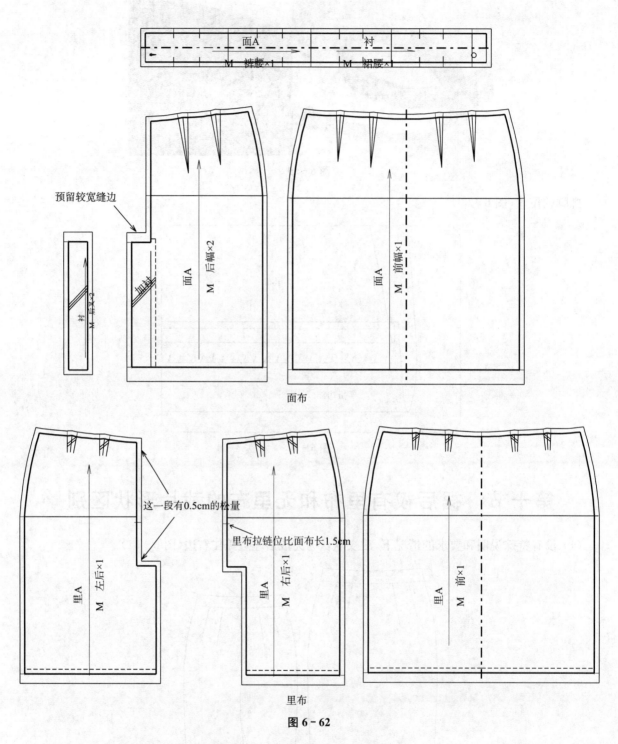

预留较宽缝边

面A
M 裤腰×1

衬
M 褶腰×1

衬
M 后叉×2

加衬

面A
M 后幅×2

面A
M 前幅×1

面布

里A
M 左后×1

这一段有0.5cm的松量

里A
M 右后×1

里布拉链位比面布长1.5cm

里A
M 前×1

里布

图 6-62

这种方式适合于封闭里布和活动里布两种做法。

（3）无里布，后衩平角的裁片形状（图 6-63）

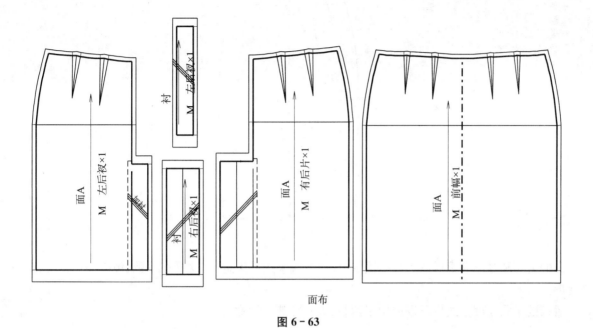

面布

图 6-63

（4）无里布，后衩斜角的裁片形状（图 6-64）

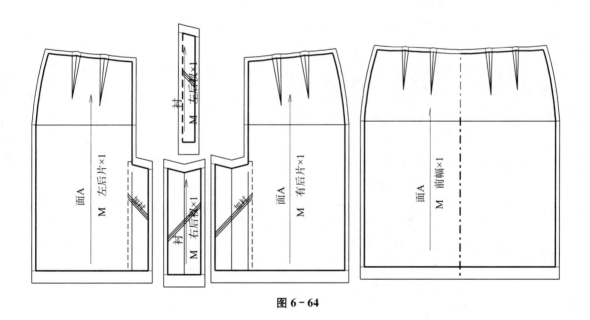

图 6-64

（5）后衩上端明线定位，下端手工定位的做法（图6-65）

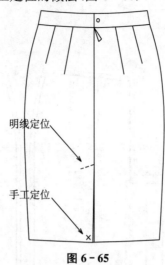

明线定位

手工定位

图 6 - 65

有的公司和客户要求后衩上端明线定位，而下端采用手工定位，这样在整烫、包装和运输时，后衩不会变形。

后衩的不同处理方式也可以适用于西装、大衣等其它款式。

第七章　事故分析

每一位学习制板的朋友都希望自己能够成为一流的制板高手,但是一流高手都是从生产一线经过无数次失败才培育出来的,你要想成为制板高手,先问问自己有没有经历过失败? 失败和成功一样有价值,高以下为基,贵以贱为本,年轻的朋友要契入社会,从一针一线的小事做起,从最基层的工种做起,一个没有社会阅历的人,一个没有经历失败和痛苦的深刻体验的人,一个没有吃过百家饭的人是不可能成为高手的。

笔者长期在生产一线工作,有的是我亲身经历的,有的是纸样师朋友提供的案例,我们不但要把经历过的成功案例整理出来,还要把经历过的失败案例整理出来,为后学者提供必要的档案和参考。

有的问题看起来非常微小,但是作为批量生产,由于件数比较多的缘故,造成的失误也是比较多的,因此,对于极细微的问题都不能疏忽。

1. 过分要求合体

板房常常出现一种情形,就是设计师要求合体,合体再合体,尺寸也一再收小,乃至于呢大衣做出了旗袍的造型,有一家公司,销售部发现小码的服装大量积压,因为众多的服装公司产品总是要销往北方的,在批板环节真人试穿的时候,我们就要模拟北方冬季一般女性平时要内穿1～2件毛衣,这样试穿并调整后的尺寸,才不会导致产品尺寸太小而导致积压。

2. 棉衣跑棉

我们在做羽绒服的时候总是要考虑到跑绒的问题,殊不知做棉衣的时候也有跑棉的现象,这是因为有的棉纤维非常细,缝制在面料下面,当夹层充满空气,遇到外力挤压,棉纤维就从面料缝隙里面跑了出来。解决的方法是在选棉的时候就要选整体效果好、不松散的,做样衣的时候也要做挤压实验,也可以在棉和面料之间加一层不黏衬。

3. 加衬后颜色发生变化

有的白色和浅色的真丝类面料,在加黏合衬以后,颜色会发生变化,有的非常薄的面料加黏合衬后还会出现渗胶的现象,遇到这种情况,可以采用双层面料代替衬料的方法,或者采用配色的欧根莎代替衬料的方法。

4. 横裁事故

通常的梭织面料都是横向弹力比较竖向弹力明显一些,但是有少数的面料是正好相反的,即竖向有明显弹性的,横向没有或者很少的弹力,这种情况需要横向裁剪,简称横裁,横裁面料的布纹线和平时习惯的方向是相反的,在加缩水时也要分清和检查方向的准确性。

5. 欧根纱缩水

欧根纱通常缩水率比较大,不论采用打板预加缩水,还是面料加缩水,都要使欧根莎充分缩水。

6. 蕾丝保留布边

蕾丝布通常需要保留布边,也是要进行横裁,加缩水时也要检查横竖方向的尺寸变化。

① 蕾丝款式(图 7 - 1)

图 7 - 1

② 横向布纹线的裁片(图 7 - 2)

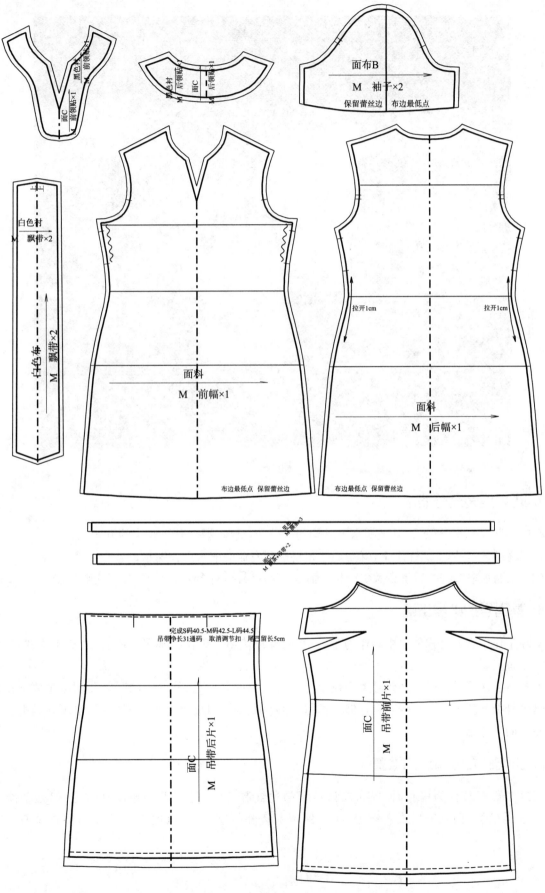

图 7 - 2

③ 保留蕾丝布边的排料方式（图 7 - 3）

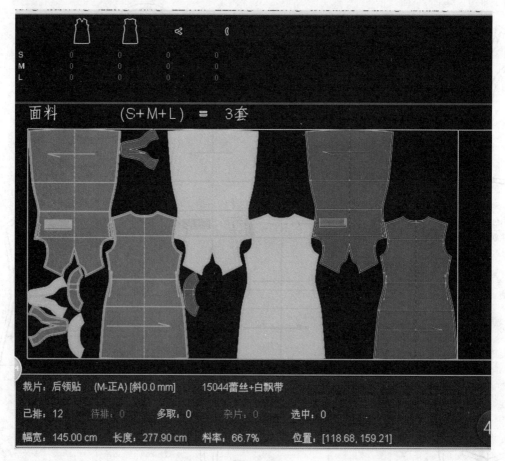

图 7 - 3

7. 布料没有充分缩水

有的布料缩水率比较大，并且缩水不是均匀的分布，遇到这种情况，解决的方案是：

（1）超过 -4% 以上的缩水率，就需要把布料送到专业的缩水厂去缩水；

（2）把缩水率加进去后重新做生产板，确认有没有误差，有多大的误差，是否能够接受。

8. 基码号型必需正确

实际工作中有的客户使用中码作为基码，有的客户使用小码作为基码。所以，针对不同的客户，基码必需正确无误

另外需要注意的是确认基码号型不仅仅是查看基码的名称是否正确，同时还要测量主要部位的尺寸与这个号型和款式风格是否对应，如果有明显的差别，则有可能是号型设置错误，也可能是电脑软件发生错误而导致错码。

9. 里布必要的省道的数量

当这个面布装换为里布时，里布应该尽量简化缝制工序，是不需要并排打褶的，但是不能直接合并和取消褶量，而是需要设置省道，可以保留胸省和腰省，也可以把胸省转移到腰省里面（图 7 - 4）。

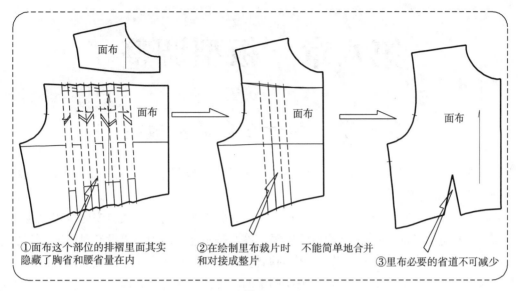

①面布这个部位的排褶里面其实隐藏了胸省和腰省量在内　②在绘制里布裁片时 不能简单地合并和对接成整片　③里布必要的省道不可减少

图 7 - 4

10. 局部修改样衣后至少要做坯样确认

有的款式在经过局部的的修改和调整后,就没有再做样衣,而直接进入批量生产环节,这样做是很危险和不合理的,因为局部的修改不一定是上次纸样的问题,也可能是裁剪样衣和缝制出现的错误,而导致了尺寸和造型方面的错误,这时如果修改了纸样,就等于把原来正确的纸样改错了,而真正错误的原因和内容却没有修改,杜绝这种失误的根本方案是再做一件样衣,在时间比较紧凑的情况下,可以用类似的面料做一件简易的坯样,即不需要折下摆袖口,不需要装里布的简单样衣,就可以查看到修改后的实际尺寸和造型了。

11. 挂面加衬

有的低档服装挂面没有衬,如果以这类服装来做样衣,必须另外加衬,因为衬料可以起到定型、挺括的效果(图 7 - 5)。

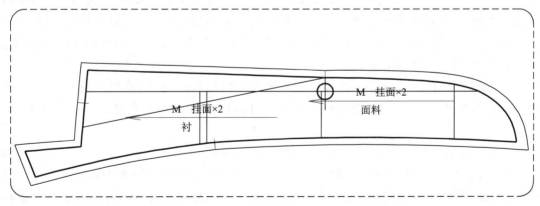

图 7 - 5

第八章　板型调整

第一节　为什么要调整板型

调整板型也称改板。很多朋友都有这样的疑问,为什么要改版? 为什么不能一次性完成? 即一步到位,是技术不够高明吗?

我们可以打比方来说明这个问题,假设现在有个人驾驶汽车从南山区去宝安区黄田机场,他的车况良好,速度适中,方向正确,试问他能到达目的地吗? 答案是不能。因为如果没有对路况、车况、路口、速度、方向、乃至于一个小小的路面障碍做出相应的调整和应激反应,都会使他无法到达目的地。

这里技术的高低和经验的多少,只是表现在调整的正确性和快速性方面。

再打个比方,坦率地说作者的这本书也不是一步到位完成的,而是经过四次大的修改,很多次小的修改,交到出版社后,又经过三个回合的校对才完成的。

因此,调整是多方面的,是灵活多变的。

时装打板,在尺寸方面、造型方面、面料特征、结构合理性和客户心理方面都有许多不确定的因素,在样衣基础上进行调整是无处不在的。

在实际工作中,我们发现不但头板纸样和复板纸样需要修改,就是已经批量生产过的纸样,再重新生产之前,有时也会需要适当调整和修改。

一直以来,服装界有一个严重的误区,就是一板成型,许多人认为一板成型的板师才是技术高手,实际上所有工业产品都不是一板成型的,飞机、汽车、电脑和手机,不论硬件还是软件都不是一次就设计成最终的样子的,而是在不停的调整和升级,并且正在调整和升级。

第二节　板型调整要观察样衣实际试穿效果

在实际工作中,经常遇到有的朋友打来电话,或者通过 QQ 和微信发来图片,询问有关改板的一些问题,笔者认为服装打板是一种动手能力很强的工作,遇到不能确定的问题,笔者希望这些朋友不要急于打电话,到处去找专家去询问,而是应该自己先动手去做,当你动手去做的时候,很快就有体会,把这种体会扩展、扩大,这是一种思维训练。

而通过 QQ 或微信发来底稿和图片,只能看出大致的结构问题,细节问题只有试穿样衣才能发现,因此,不要脱离样衣来讨论改板,也不要试图通过 QQ 和微信来完全解决服装打板技术问题。

例如有位朋友问,上臀围的尺寸怎样调整?,这仅仅是上臀围这个部位常规围度尺寸的大小、加减的调整。如果用 QQ 和微信来回答这个问题,势必需要冗长的文字和图形才能表达明白,显然是没有多大的必要了。这也说明了 QQ 和微信只是用来沟通信息和传输信息的工具,而不是服装打板教学和研究打板技术的专用工具。

第三节 裙子的板型调整

1. 裙子侧缝下垂

裙子侧缝下垂产生褶痕,可将侧缝上端减去一点,有的裤子出现同样现象,也可以用这种方法进行调整(图 8-1)。

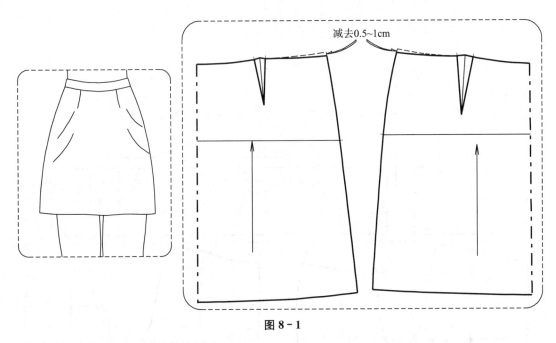

减去0.5~1cm

图 8-1

2. 裙腰下方产生横褶(图 8-2)

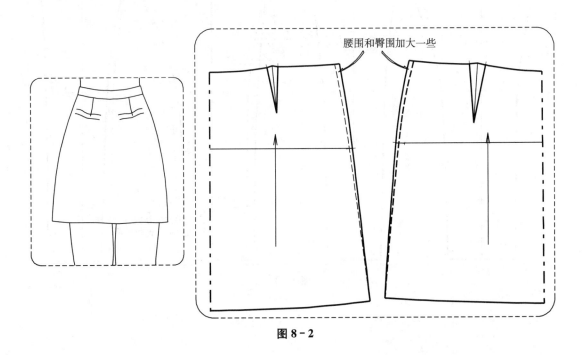

腰围和臀围加大一些

图 8-2

第四节　裤子的板型调整

(1) 裤子平铺时膝盖位置起浪(图8-3)

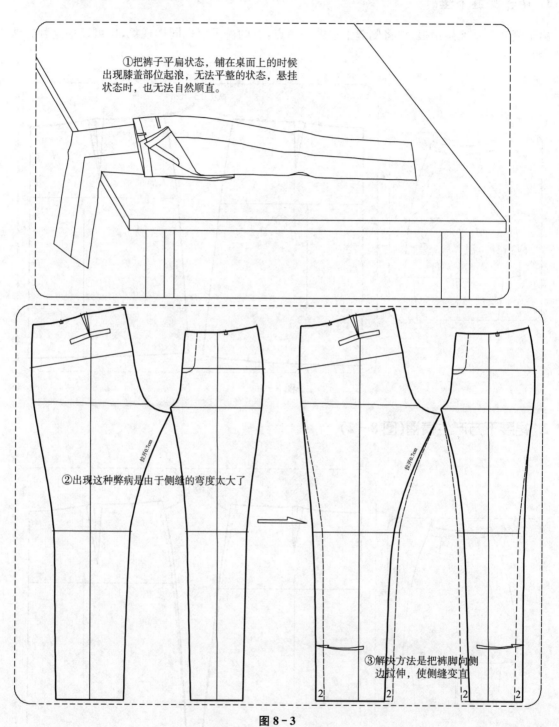

①把裤子平扁状态，铺在桌面上的时候出现膝盖部位起浪，无法平整的状态，悬挂状态时，也无法自然顺直。

②出现这种弊病是由于侧缝的弯度太大了

③解决方法是把裤脚向侧边拉伸，使侧缝变直

图8-3

（2）裤子前、后片平衡处理

① 前片起斜褶的处理（图8-4、图8-5）

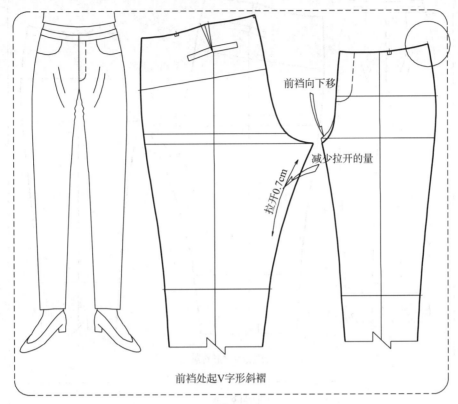

前裆处起V字形斜褶

图 8-4

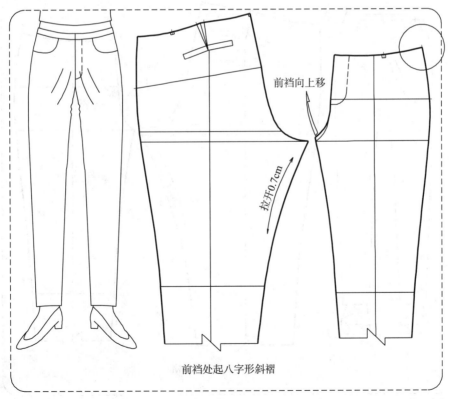

前裆处起八字形斜褶

图 8-5

② 后片起褶的原理和解决方法同前片（图 8 - 6、图 8 - 7）

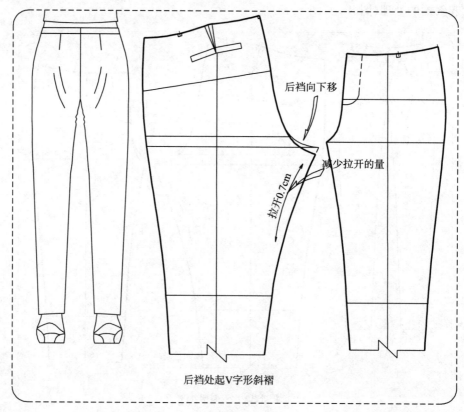

后裆处起V字形斜褶

图 8 - 6

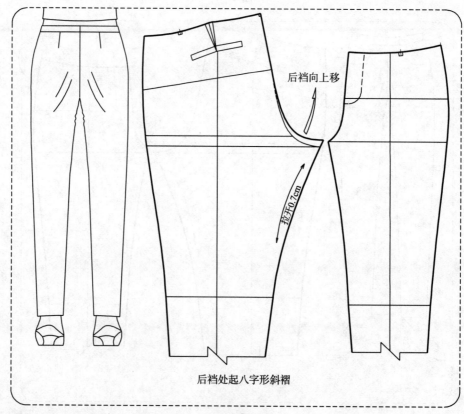

后裆处起八字形斜褶

图 8 - 7

（3）前裆多布并下坠是臀围和腿围太松（图8-8）

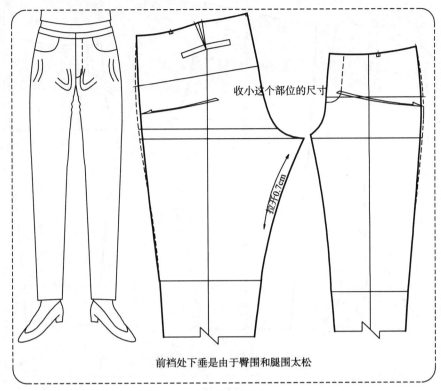

收小这个部位的尺寸

拉开0.7cm

前裆处下垂是由于臀围和腿围太松

图8-8

（4）裤子夹裆怎么办（图8-9）？

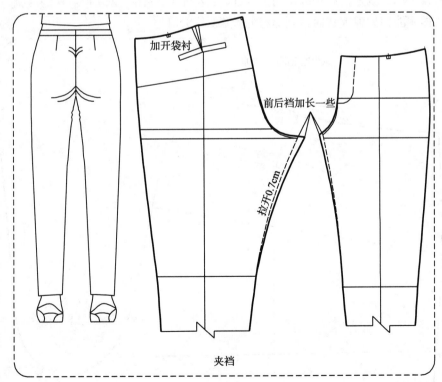

加开袋衬

前后裆加长一些

拉开0.7cm

夹裆

图8-9

（5）裤腿朝内钩是由于前后裆不够长（图8-10）

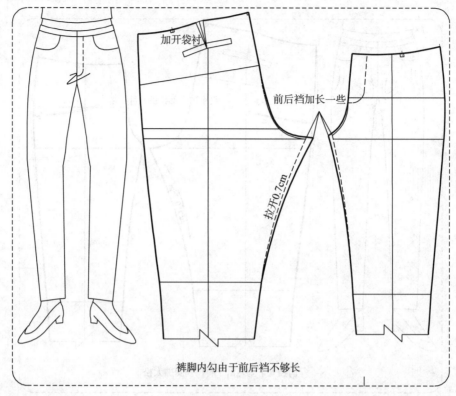

图8-10

（6）怎样才能提臀?

裤子提臀,顾名思义就是使后臀部位向上提起,要达到这个目的,必须把后片的后腰口、后省部位减去部分空间,这样才能使后臀上移而达到提臀的效果(图8-11)。

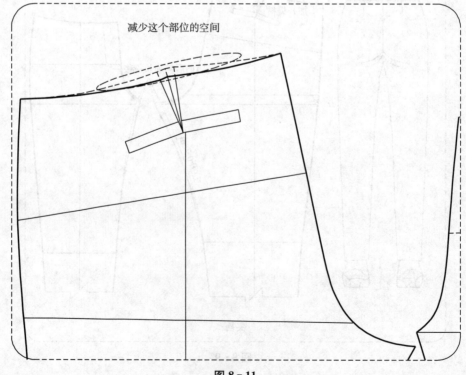

图8-11

（7）短裤或者长裤穿着后,弯腰和下蹲时,后片绷紧,前片多布怎么办?

布料没有弹性时常常出现这种情况。解决的方法是把后片下半段加宽,再把后裆在裆底部位切展开1cm,使后裆的弯度变得更弯(图8-12、图8-13)。

图 8 - 12

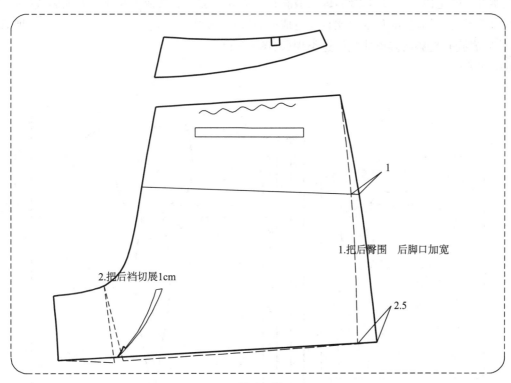

2.把后裆切展1cm

1.把后臀围　后脚口加宽

1

2.5

图 8 - 13

第五节　上衣空鼓现象的调整

（1）后领圈处空鼓

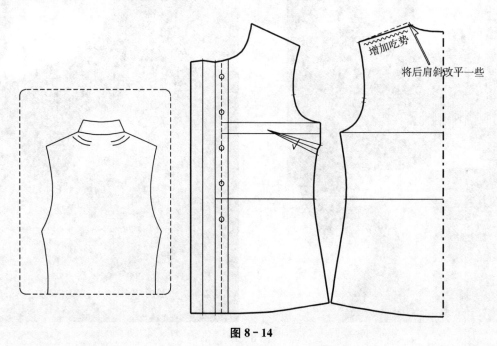

图 8 - 14

后领圈处空鼓是由于后肩斜太斜，即后肩斜角度太大造成的。解决方法是把后肩斜改平一些。

也有可能是前、后肩斜的角度都比较大造成的，这时需要把前、后肩斜都改平一些，同时把后肩缝加长一些，使后肩缝的吃势增多也能缓解这类现象（图8-14）。

（2）肩端处空鼓

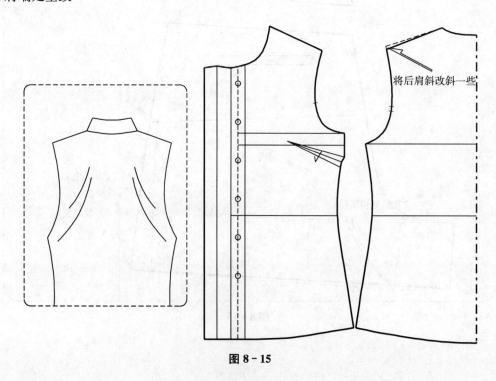

图 8 - 15

肩端处出现空鼓的原因是和上一问题相反,是由于肩斜角度太小,即肩斜太平造成的,肩斜太平时会出现肩端处空鼓和后袖窿处有"八"字形斜褶。解决方法是把后肩斜改平一些,同时检查前肩斜的角度,必要时可以前、后肩斜同时调整(图 8-15)。

第六节　上衣领子和袖子的调节

(1) 圆领连衣裙的领贴外翻怎么办?

无领的圆领圈连衣裙完成后,出现领圈里布外翻的原因是由于里布的特征通常比较轻、滑、薄,而面布相比之下会稍厚重一些,这种情况下,由于重力的缘故就会出现领贴和里布外翻的现象。解决的方法是把前领圈在与面布相同的基础上再挖深 0.6cm,后领圈挖深 0.3cm,这样就可以有效地解决这种现象了(图 8-16)。

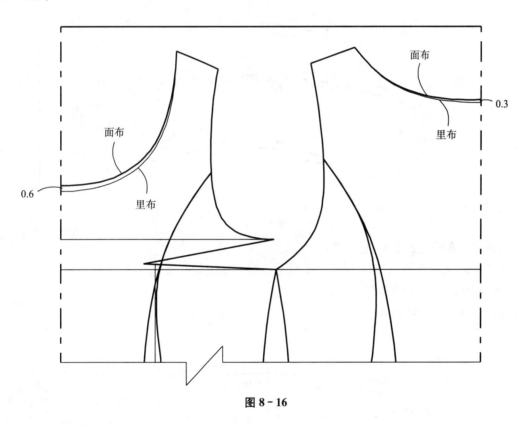

图 8-16

(2) 领子内围多布怎么办?

翻领的领面和领底存在着内圆和外圆的差数,常常会出现衣服穿着后,领子内围多布的现象,解决方法是配领时有意识把领脚长度比领圈长度短 0.5~1cm,安装领子的时候把领脚拉开再装领。图 8-17 是两种翻领的领脚拉开状况,具体拉开的数值多少,要根据面料的弹性大小和疏密程度来确定。

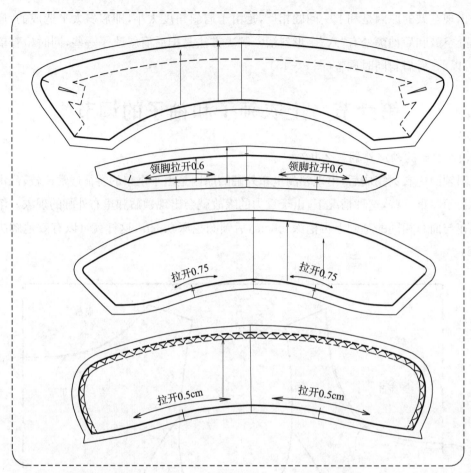

图 8 - 17

（3）翻领的领面陷进去不平整怎么办？

翻领的领圈内陷不平整，是由于领子外围尺寸不够长造成的。解决方法是：

① 增加外围尺寸，使上领变得更弯；

② 选用比较硬的衬料（图 8 - 18）。

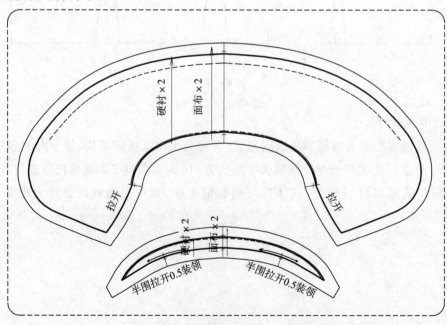

图 8 - 18

（4）怎样调整袖口的倾斜度和水平度？

无论长袖还是短袖，袖口的倾斜度和水平度都和袖肥，袖山高度这两个数值有关系，袖山高越高，袖肥就会减短，袖口就接近水平状态；反之，袖山高越低，袖肥就会增长，袖口就变得倾斜。图8-19、图8-20是两个款式的数值对比：

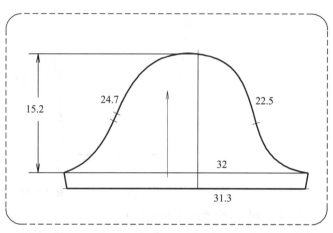

图 8-19

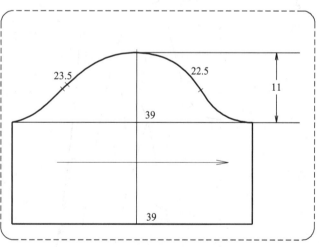

图 8-20

（5）袖口形状的调整

如果经过调节袖山高和袖肥仍然达不到袖口相当水平的程度，可以把袖口线条少量调节（图8-21）。

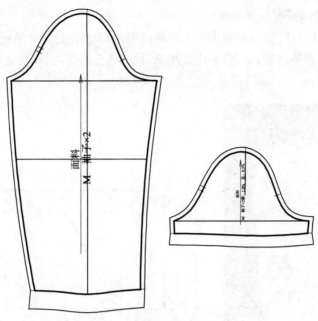

图 8 - 21

（6）抬手困难，或者抬不起手臂怎么办？

首先要检查袖窿深的尺寸不可以太低，太低会导致抬手困难。在胸围和袖窿尺寸比例正常的情况下，如果抬手困难，可以适当减少袖山高，增加袖肥的长度。

（7）一片袖有一些斜向褶痕怎么办？

① 袖山升高一点，同时减少袖肥，再把袖山顶端刀口前移 0.5～1cm（图 8 - 22）。

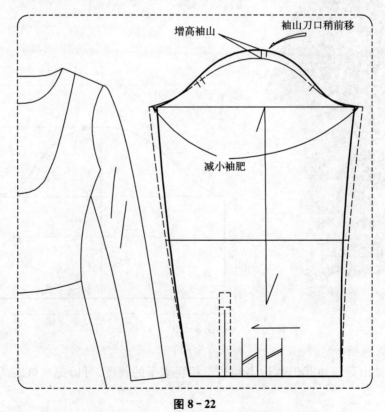

图 8 - 22

（8）小盖袖处理方案

小盖袖有时袖口太小难抬手臂，而太大手臂下垂时又不贴身。处理方案：

① 找到适中的袖口尺寸；

② 袖口穿松紧带(图8-23、图8-24)。

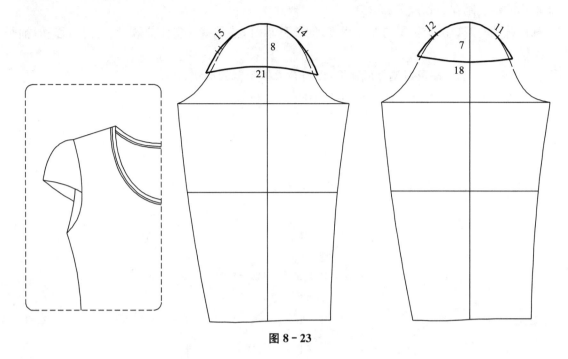

图 8 - 23

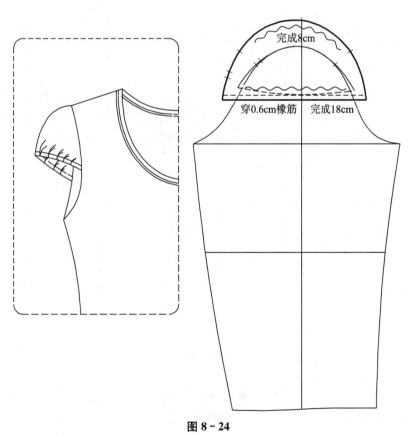

图 8 - 24

（9）西装袖的调整要点(图 8 - 25)

① 对于比较合体的西装袖,袖山高控制在 15～16cm。

② 袖山吃势控制在 2cm。

③ 袖山顶端的刀口决定袖子的前倾程度,向前移动时,袖子就会整体前倾,反之向后移动,袖子整体就会后走。

④ 大、小后袖缝的上端可以调整成弧形,以符合人体手臂的形状。

⑤ 测量袖山高度时要注意小袖底端的精确位置。

⑥ 大袖后缝适当归拢。

⑦ 大袖前缝强力拔开。

⑧ 大、小袖口线条对接调顺。

⑨ 如果是有袖衩的西装袖,后袖缝不宜过于偏移。

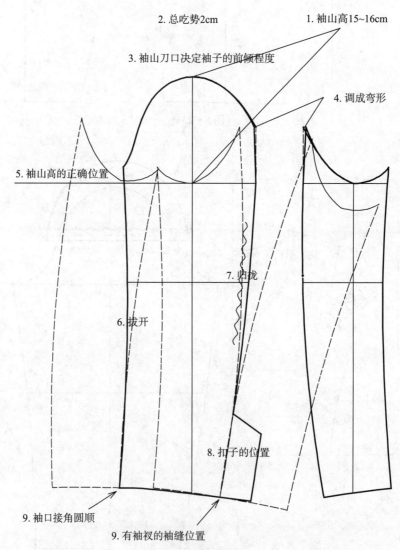

图 8 - 25

第七节　衣身板型调整

（1）前中起吊，门襟不垂直（图8-26）

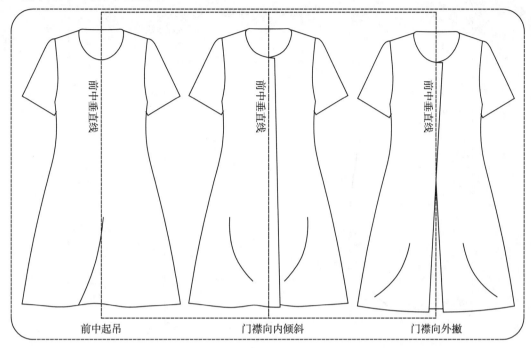

前中起吊　　　　　　门襟向内倾斜　　　　　　门襟向外撇

图8-26

第一种方法：把前肩颈点上移0.5～1cm，

第二种方法：把前肩颈点加高0.3～0.5cm，同时，把前肩端点下移0.3～0.5cm，这两种方法都是使前肩斜变得更斜一些，在画无胸省的款式时，可以有意使前肩颈点向上移动0.5～1cm，这样前胸长的线条就变长了，就等于胸部的空间变大了（图8-27）。

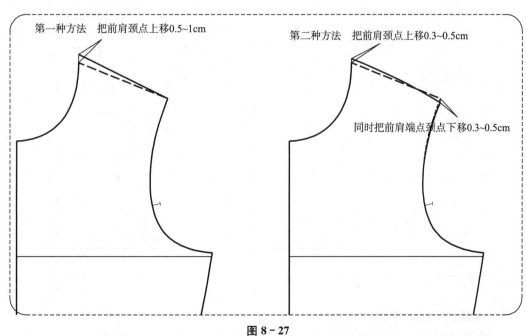

第一种方法　把前肩颈点上移0.5～1cm　　　　第二种方法　把前肩颈点上移0.3～0.5cm

同时把前肩端点颈点下移0.3～0.5cm

图8-27

（2）后中起吊

后中起吊是由于后领深太深、后背长太短造成的。解决方法是把后领深改浅,再把后肩颈点上移0.5～1cm(图8－28)。

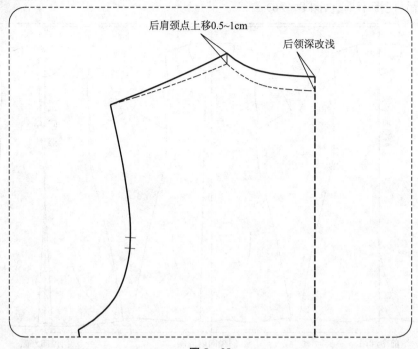

图8－28

（3）衣服向后偏移怎么办?

第一种情况局部向后偏移。

这是由于前摆围太大、后摆围太小造成的。解决方法是将前侧摆减去一部分加到后片上(图8－29)。

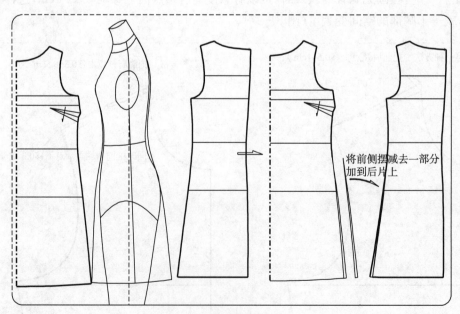

图8－29

第二种情况是整体向后偏移。

整体向后偏移现象是由于后背不够长造成的。解决的方法是把后背切展,加1～1.5cm进去,使后背变长,同时,由于这种处理后袖窿变长了,所以要在前胸宽和后背宽不变的情况下,把袖窿底上移,上移量是后背切展量的 1/2，这样既能使后背尺寸变长，又可以保持袖窿总尺寸不变(图 8 - 30、图 8 - 31)。

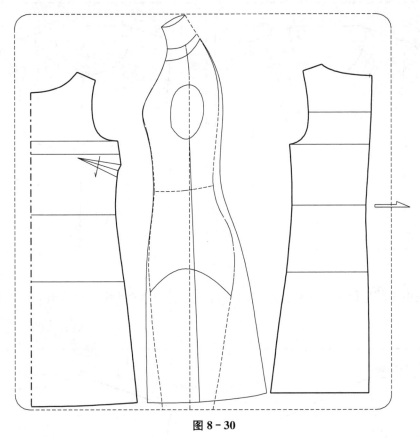

图 8 - 30

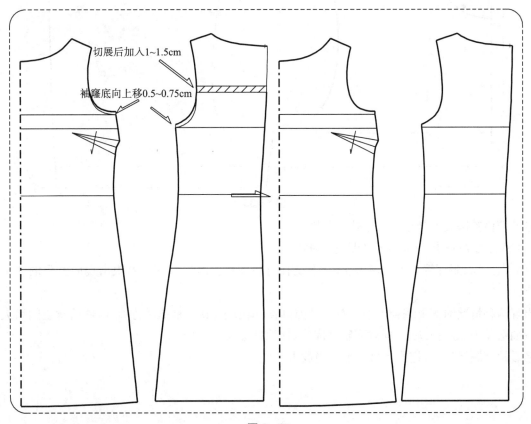

切展后加入1~1.5cm

袖窿底向上移0.5~0.75cm

图 8 - 31

（4）前胸处起浪怎么办？

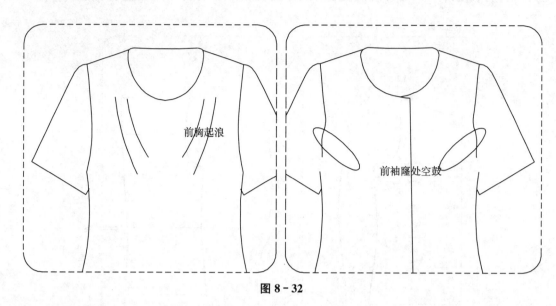

前胸起浪

前袖窿处空鼓

图 8 - 32

前胸起浪是由于前后领横差数不够造成的,需要把领横差数调到 $1\sim1.5\text{cm}$(半边计),借肩款式除外(图 8 - 32、图 8 - 33)。

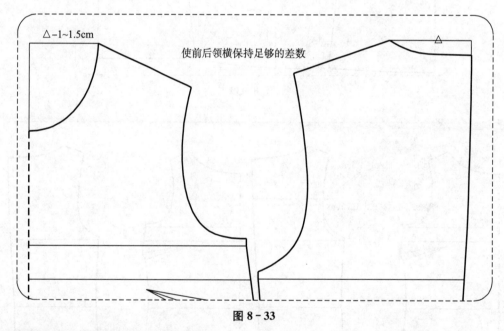

△-1~1.5cm

使前后领横保持足够的差数

△

图 8 - 33

另外前胸袖窿处空鼓也是由于这个原因。

（5）衣服穿在身上,活动时往上跑怎么办？

有朋友问,衣服穿着人体后,静止状态下没有问题,但是人体活动后,衣服出现向上窜的现象,这时该怎样处理？

出现这种情况时需要综合治理。首先把前、后肩斜改平;其次是把后背展开,使后背空间增大,并且使前后袖窿差为 $1.5\sim1.7\text{cm}$,同时调整袖窿底,使原袖窿尺寸不变。

最后检查胸围尺寸,把胸围尺寸也适当放大一些。

（6）上衣背部多布的处理方法（图8-34）

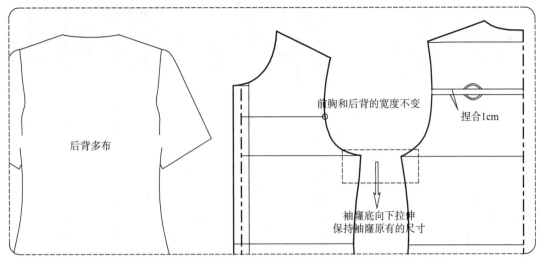

前胸和后背的宽度不变

后背多布

捏合1cm

袖窿底向下拉伸
保持袖窿原有的尺寸

图8-34

（7）上衣后腰多布的处理方法（图8-35）

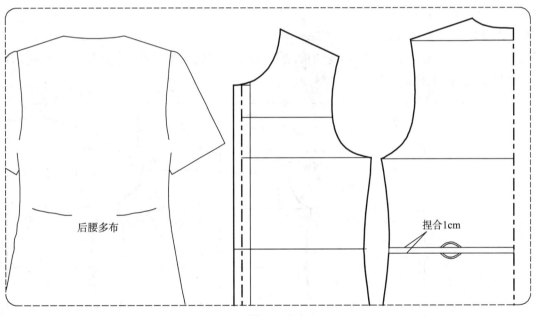

后腰多布

捏合1cm

图8-35

（8）后腰太松（图 8 - 36）

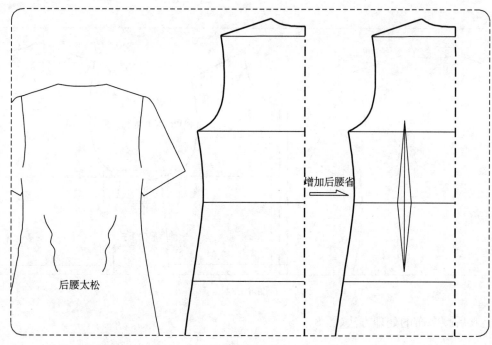

图 8 - 36

（9）前胸下起斜褶的处理

第一步，把前袖窿底部向上移动 1～1.5cm；

第二步，在前胸宽和后背宽长度不变的情况下，调整胸围线和袖窿线，使袖窿的尺寸保持原尺寸，前、后侧缝的长度相等（图 8 - 37）。

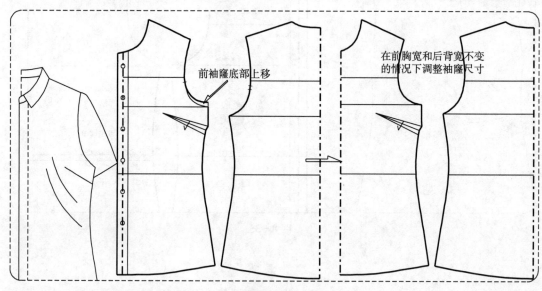

图 8 - 37

第九章　板房管理

第一节　板房主管的素质要求

这里所说的板房概念,是指服装公司的纸样样板部门的一种简称,通常由电脑(或手工)打板房和样衣缝制车间组成。其实就是服装公司的技术部门,所有产品生产所必需的纸样、净样、技术数据、表格、样衣都由板房制作和下发。板房自始至终贯穿服装生产的主线。而板房管理人员就是通常所说的板房主管。

很多服装品牌公司的设计公司和生产工厂是分开的,这样就导致了很多从事了很多年的纸样师对生产环节并不了解,他们只是做好头板纸样,由技术全面的缝制员工做出样衣,然后通过试穿,再适当的修改和调整,只要顺利地通过了审核,后面的放码、加缩水、细节检测、临时变更等环节就由其他的同事来完成了。而作为一个板房主管,必需能精通和控制细节,纸样的每一个刀口,每一个文字标注,缝边和省道,对于批量生产都是非常重要的,一个小小的文字码数标注错误、缩水失误,都会导致整批的产品因尺寸问题而报废,还要浪费大量的人工成本。

板房主管需要具备什么样的素质? 我们先来看一则招聘板房主管的广告:

广州××服装公司诚聘

一、招聘职位:板房主管

任职要求:

① 负责对板房工作职责履行和板房的工作任务完成情况负主要责任,全面负责分管板房的日常工作管理;

② 负责开发部日常工作的调度、安排,协调本部门各技术岗位的工作配合;

③ 负责纸样师、车板工、工艺助理的培训管理;

④ 负责制定板房生产作业计划并组织实施;

⑤ 负责纸样、衣样、制单工艺技术资料的审核确认、放行;

⑥ 负责组织力量解决纸样、车板工艺技术上的难题;

⑦ 负责每个新板的正确尺寸及效果的确定;

⑧ 负责针对不同质地、不同肌理的面料,对纸样做出不同的细节处理;

⑨ 负责对裁板、车板过程中所发现的异常问题的沟通和解决;

⑩ 负责按要求填好各新板的表格、制单等,并存档留底;

⑪ 负责制订材料消耗工艺定额、标准工时定额。

阅历素质要求:

① 工作经验:10 年以上工作经历,6 年以上服装类同等岗位管理经验。

② 工作技能:

A. 出色的理解、识别能力;

B. 出色的审美能力,掌握时尚女装的尺寸、工艺及结构参数;

C. 出色的纸样动手能力。

③ 个人素质:思维敏捷、执行力强、优秀的沟通及领导能力,电脑操作熟练,熟悉针梭织纸样,能看板看图出样。

④ 吃苦耐劳,服从公司时间安排。

公司地址:广州市番禺区××镇××路××号××大厦 3 楼

在这个招聘广告中,我们可以看到,服装公司对板房主管的要求还是比较高的,一般情况下我们提到服装板师,通常会联想到打板绘图、放码、排料,而实际上,板师的完整的工作内容包括打板、调整板型、放码、排料、加放缩水、计算物料、面料知识、辅料知识、缝制工艺、样衣检测、特种工艺和设备使用、净样制作、整烫技术、手工技术等。

而板房主管不仅要求具有一般意义上的技术好、经验多、打板速度快,还需要对板房工作整体的进度有控制能力。能预见可能出现的问题的能力。

熟练使用电脑传送文件、转换文件、图片处理、文字能力和识别面料辅料能力;

与其它各个部门的沟通与合作能力,等等。

下面主要结合作者的亲身体验来阐述关于"板房现场管理"的技巧和理念。

第二节　强化现场管理与 5S

1. 企业文化

谈到企业文化,往往会给人以堂皇而高深莫测的感觉,其实我们不妨把企业文化这个概念切换一下,称为做事方式。比如多数公司以中码作为基码,有的公司喜欢用小码作为基码,这个方式是公司在实践过程中积累下来的一种做事方式,还有尺寸规格,放码档差的问题也是这样形成的,我们不要随意的改变这种做事方式,而是要找契机促进,促使这种方式更加完美。

2. 营造和谐开明、积极乐观的板房气氛

在实际工作中,我们观察到有很多公司的板房里,各个纸样师之间不沟通、不交流,好像害怕别人把自己的经验和绝招学走了,各留一手。我们也观察到有少数公司板房气氛特别和谐,开明而共享,这是什么原因呢,笔者通过深入的观察,发现首先是板房老员工,即老纸样师带了好头,新纸样师刚招聘过来有一段磨合期,老纸样师能够放下自己手头的工作,俯下身来,手把手的教新来的纸样师。不求回报,没有任何名利心。在平时,老纸样师的一言一行都在宣扬正面信息(而不是负面的抱怨,牢骚),做大家的表率和榜样。

老纸样师的经验能够无私地奉献出来,是一种心胸宽广,没有私心的表现,可以使新来的纸样师少走弯路,减少自己摸索的时间,快速融入公司团队,体现团队的力量和智慧。

新板师年轻而敏锐,能够迅速的吸收新知识和整合新知识,还可以把其它公司的新做法、新经验带进公司,为公司注入新的技术和有益交流。

其次,板房主管会就一些难点问题召开板师研讨会,这种会议不需要多长时间,大家就这个疑难点针对性发表看法,寻求最佳的解决方法。

还有,在时间允许的情况下,技术部经理会带领板师去高档的商城和市场进行现场观摩,启发灵感。

和谐的,友好的板房气氛使员工心神安定,有归属感,也是留住优秀人才的好方法。

板房气氛是一种非常特殊的、无形的、奇妙的气场,一旦形成,不论人员更迭,岁月流转,都不会影响这种气氛的传承。

3. 关注细节

我们曾经观察过一些公司的板房,发现许多细节上存在的问题。例如,由于服装 CAD 的普及,有的

公司把原来手工画纸样的玻璃台面改成比较小的电脑桌,如果生产低档服装当然够用了,如果生产高档的服装,或要求非常严格的产品则是不够用的,高档的服装需要试制、测量、校对和调整,如果桌面太小,纸样师都无法铺平一件样衣,或者无法展开一个稍大一点的裁片,显然是不合理的。

再例如裁剪样衣的台面,理想的裁剪台面是高度适中,高 90cm 比较理想,太低和太高容易使人疲劳。另外裁剪台面最好不是靠墙的,而是四周有空位的,这样方便裁剪师可以从各个不同的方向进行裁剪。

4. 板房布局图

同样面积的厂房面积里,把一部分平缝机靠墙摆放,比摆放在厂房中间的利用率要高,见图 9－1,它可以摆放 7 台平缝机,而图 9－2 为平缝机在厂房中间摆放的状态,这时只能摆放 5 台平缝机(空间特别大的厂房除外)。

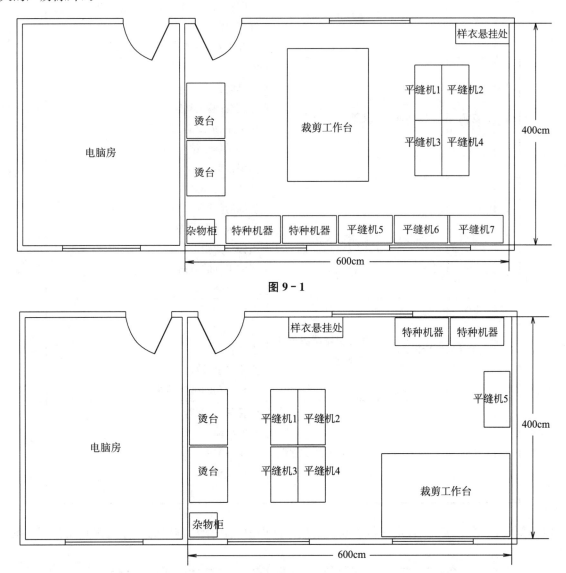

图 9－1

图 9－2

2. 强化板房现场管理,开展"5S"式管理

要想成为一个高品质、高效率、低成本的企业,必须重视板房现场管理。要搞好板房现场管理,一种十分有效的管理方法就是开展"5S"式管理。

　　"5S"式管理起源于日本,是一种体系完善、行之有效的管理方式。"5S"式管理使日本工厂、公司环境整洁,成本降低,标准操作,安全生产,产品质量得到世界各国认可和赞叹。我们服装行业所使用的的缝纫机、打印机以及缝纫机针、自动铅笔、笔芯、橡皮擦,日本产品质量和价格远远高于国产的同类产品,同样的缝纫机平缝机针,日产零售价 8～16 元一包,温州产 1～1.5 元一包,日产斑马牌自动笔零售价 18～20.5 元,国产仅 2～6 元。日产三菱牌铅芯零售价 10.5 元一盒,可以用一个月,国产铅芯 2 元一盒,一个手工纸样师两天用一盒,还非常容易折断。日产"MONO"橡皮擦零售价 5 元一块,擦完后基本没有痕迹,国产 1 元一块,擦完有明显的污迹……这是一桩非常令人惭愧的事情。

"5S"推行内容

编号	项目	英文	目标	内容
1.	整理	Seirl	腾出更大的空间	制定整理的标准 陈旧物品要与不要的判断基准 红牌策略 丢弃不要品,物品判决处理方法
2.	整顿	Serton	提高工作效率	物料、材料的整顿 工具整顿 行迹管理,工具管理 化学品、危险品、液体整顿 机器设备整顿 标识行动
3.	清扫	Selso	扫走旧观念	公司也要洗澡 杜绝污染源 公司领导带头清扫 点检与清扫 清洁工具的清扫 清扫检查
4.	清洁	Selketsu	拥有明亮清爽的工作环境	检讨与修正 强化"5S" 文件管理 实施安全教育 "5S"活动的推广延伸
5.	修养	Shrtsuke	塑造人的品质管理	硬管理,软教养 早安活动 礼仪的学习 文化娱乐 以公司(厂)为家,以公司(厂)为校

　　限于篇幅,更多有关 5S 管理资料和经验请搜索深圳海天出版社推出的"工厂管理实战丛书"系列。

第三节　下发到板房员工文件范本

　　下发文件的作用:(1)下发文件可以使板房员工的工作更加标准化,统一化;(2)提示工作中注意细节处理;(3)对于新来的员工,不需要过于交待细节,只需把相应的文件发到他们手中即可。

1. 下发到纸样师的文件

1. 圆领圈内贴拉伸：所有无领式圆领圈，不论有没有领贴，都需要把里边的前领圈中点向下拉伸 0.5cm，后领圈中点向下拉伸 0.25cm，这样做可防止领贴或里布外翻。

2. 折边宽度

西装大衣的袖口和下摆折边宽度为 4cm，特殊客户为 5cm，衬衫和连衣裙卷边为宽型 0.6cm，窄型 0.3cm.，活动里布下摆统一卷边宽度为 1.25cm。

3. 头板不提取衬的纸样：头板纸样的袖窿底衬、袖山衬、后背衬、下摆衬和开衩衬都不需要提取出来，只需要用文字标注说明即可，只有在放码时才会提取处理，如果是三个码的，可以做通码。

4. 布纹线箭头设置：布纹线单箭头向上表示逆毛向上，单箭头向下表示顺毛向下，双箭头表示不分倒顺方向。

5. 实样：一般情况下，需要做出实样的裁片有领子、领座、袋盖、挂面、开袋样、裤（裙）腰，腰节，袋唇。

6. 风琴量

西装的下摆和袖口的风琴量在 1～1.1cm 之间。

7. 衬衫袖衩：衬衫宝剑头袖衩（包含平头袖衩），真丝布料白色和浅色的做双层面布，较深颜色的需要加衬，其它布料不需要加衬。

8. 双排扣反面钉扣：双排扣款式，至少在右门襟的反面钉一粒扁平的钮扣，左边开一个扣眼。

9. 开袋衬：口袋衬不要太大，只需要在口袋原尺寸基础上四周加 1cm 即可。

10. 记录纸样和实样的片数：纸样完成装袋时，在纸样袋上填写纸样和实样的片数。

2. 下发到放码师的文件

1. 校对纸样片数：首先要校对样衣和样板纸样的片数（实样的片数）是否相符合，如果发现少了片数，需要书面告知纸样师。

2. 通码裁片：通码裁片和部位有裙和裤的门襟，底襟，袋盖，口袋，小襻，上衣的钮扣位，袋盖，口袋，小襻，毛领，袖衩，等等。

3. 两个码一跳的部位：两个码一跳的裁片和部位。

4. 提取衬：夹底衬，袖山衬，后背衬，下摆衬和开衩衬如果是三个码，则不需要放码，如果是四个或者四个码以上，衬的纸样则跟随衣身放码。

不明之处请及时与主管部门联系。电话：×××××××××，手机号：×××××××××××

3. 下发到排料(唛架)师傅的文件

1. 找不到文件：排料文件夹如果没有这个文件，则表示这个款已经移除，有较大的改动，需要打板师重新发送。

2. 款号相同的文件：如果有两个或者两个以上的款号名称相同的文件，则需要通知打板师，进行重新确认和发送。

3. 校对样衣：排料师在排料时要有样衣用来校对裁片数量，如果没有样衣，排料师有权暂停排料。

4. 翻单刷新：排料师傅在每次翻单排料之前，都要刷新排料图，因为很多细小的问题只有在生产过程中才能被发现，然后打板和放码文件就会被更改，刷新排料图，就可保证使用的是更新过的文件。

5. 翻单检查：每次翻单之前都有检查文件的属性，缩水，片数和文件位置。

不明之处请及时与主管部门联系。电话：×××××××××，手机号：×××××××××××

4. 下发到样衣师(车板师)的文件

1. 记录伸缩数值:当一些款式采用罗纹布、毛线布或针织布做领子、袖口、下摆等部件时,这些弹性很大的面料会出现伸长和松散现象,样衣工要将这些部件调试到平服自然、松紧适中的状态,并记录这类面料的伸长数值。

2. 缝边宽度

(1) 没有特殊说明的情况下,缝边宽均默认为 1cm。

(2) 针织衫的缝边宽默认为 0.75cm,折边除外。

(3) 厚呢料面布的缝边领圈、领子、袖窿、袖山、裤腰、裙腰、门襟为 1cm,其它如公主缝、后中剖缝、侧缝均为 1.25cm(即半英寸)。

(4) 疏松面料的缝边宽度领圈、领子、袖窿、袖山、裤腰、裙腰、门襟为 1cm,其它如公主缝、后中剖缝、侧缝均为 1.25cm(即半英寸)。

3. 明线宽度

明线宽度一般情况下为 0.6cm,厚呢料明线宽度为 0.75cm,用粗线压明线时,反面为配色细线。

4. 裙子、裤子弯形腰加衬条

裤子和裙子弯形腰都要加里布条或者防长衬条。

5. 里布开口位置

里布开口位置位于左袖后袖缝中间,所有样衣完成后不封口,每季度清点样衣后统一封口。

6. 主唛、尺码唛和洗水唛的位置

见图 9-3~图 9-8。

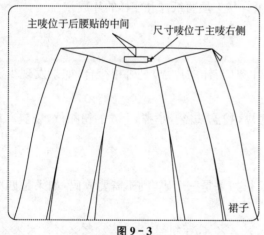

图 9-3

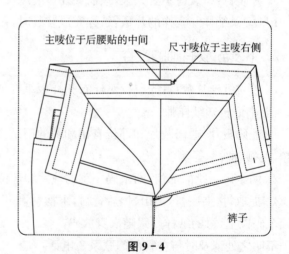

图 9-4

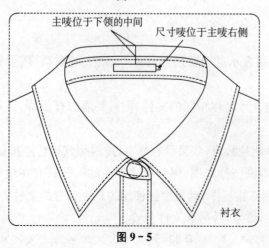

图 9-5

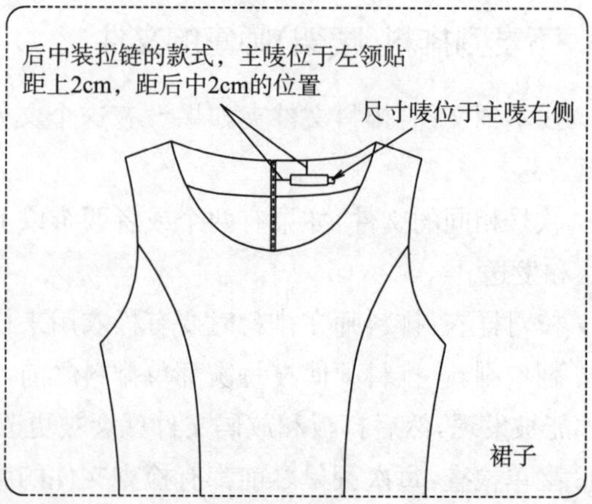

图 9-6

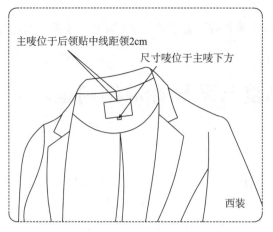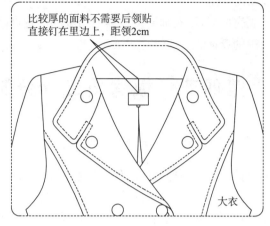

图 9 - 7

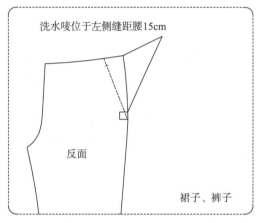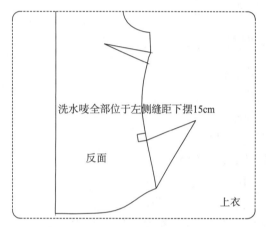

图 9 - 8

7. 定位

上衣分领座定位,肩端点、夹底定位,长款袋布定位。裤子(有里布款式)裆底定位,连衣裙(活动里布款式)拉线襻定位。

8. 下摆

圆下摆采用直形折角处理。平下摆和尖下摆采用斜形折角处理(图 9 - 9)。

图 9 - 9

9. 扣眼点位

样衣完成后,样衣师要按纸样把扣眼的位置点好,女装扣眼设在右门襟上,如果是开凤眼的,点位标志在门襟的反面。

第四节　板房员工计分制度与薪酬标准细则范本

板房员工计分制度与薪酬标准细则

板房计分制度是把计件的件数切换成分数,这样能够顾及到不同款式之间难易程度的差异,使计算结果更加公正,灵活。这些计分每天都对板房员工公开刷新,计分薪酬计算是在基本工资以外设立的三个薪酬奖项,分别是产量奖、超标奖和优秀奖(每一种奖金数额根据公司实际情况设定。)这种制度对每位员工都是一种激励,能极大限度地调动员工的工作积极性和能力发挥,使每一季度、每一波段的生产任务能够圆满的完成。

1. 纸样师计分与薪酬计算标准

例:① 裤子 0.5 分;

② 裙子 0.4 分;

③ 衬衫 0.6 分;

④ 连衣裙 0.7 分;

⑤ 针织衫 0.4 分;

⑥ 西装和外套 0.8 分;

⑦ 大衣和风衣 0.9 分。

满 27.5 分为及格,领取产量奖 1000 元;

满 32.5 分为超标,除领取产量奖以外,再领取超标奖 500 元;

满 37.5 分为优秀,除领取产量奖和超标奖以外,再领取优秀奖 500 元。

不明之处请及时与主管部门联系。电话:×××××××××,手机号:×××××××××××

2. 样衣师计分与薪酬计算标准

① 裤子 0.5 分;

② 裙子 0.4 分;

③ 衬衫 0.6 分;

④ 连衣裙 0.7 分;

⑤ 针织衫 0.4 分;

⑥ 西装和外套 0.8 分;

⑦ 大衣和风衣 0.9 分;

⑧ 毛坯样 0.3 分。

满 27.5 分为及格,领取产量奖 1000 元;

满 32.5 分为超标,除领取产量奖以外,再领取超标奖 500 元;

满 37.5 分为优秀,除领取产量奖和超标奖以外,再领取优秀奖 500 元。

不明之处请及时与主管部门联系。电话:×××××××××,手机号:×××××××××××

第五节 样衣质量和检验标准细则

第一部分 通用规则

① 所有无领式圆领圈,如果有前、后领贴的,在领贴上加防长衬条,如果是没有前、后领贴的,都要在里布领圈处加防长衬条。

② 省道和褶的倒向:不论上衣还是下装,前后腰省和褶在没有特殊说明和要求的情况下,从反面看,都是倒向前、后中线的,公主缝的缝边也是如此。如果有另外的说明和指向,则按指向的方向。

③ 胸省的倒向:收胸省时的倒向要根据纸样的实际情况来确定。

④ 前、后中开缝压明线:前中开缝、合缝压明线默认为向右倒(从布料和衣服的正面看),后中开缝压明线则默认为向左倒。总之,要从上向下开始压线才是正确的。

⑤ 收省:收省位置和省量大小纸样,省尖留位打结,统一留线头 1cm。

⑥ 针距:平缝 1 英寸 12 针,拷边 1 英寸 12 针,牛仔款式根据使用的线的粗细情况,针距将有所变化。

⑦ 缝边宽度:全件缝边宽度以纸样为准,线迹要求顺直,不能有宽窄不一的现象,不能有一段松一段紧的现象,无松散,无跳针,无拉爆的现象。

⑧ 辅料先缩水:拉链、棉绳、橡筋等辅料需要先缩水。

第二部分 裁剪样衣

① 裁板垫纸:裁板时布料下面要垫纸,以防止布料滑动和错位。

② 对准纱向:裁板用的工作台面最好是有横竖坐标的,这样以利于确定布料的横竖纱向。

③ 展开裁剪:有弹力的针织面料、有毛向的面料和比较薄的真丝、雪纺类面料要展开裁,不要采用对折的方式裁剪。

④ 记录单件用料:裁板时要尽量准确地记录面布、里布和辅料的单件用料(注意:记录用料的宽度是已经去掉布边和针孔以后的宽度,一般要减去 3～4cm 的布边和针孔位,),同时,在档案袋上贴好与之相应的布料样品,一些对格、对条纹的面料要根据实际情况另外加 20% 的用料损耗。

⑤ 双刀口为后片:按照常规惯例,纸样上打两个刀口的均默认为后片,刀口是裁片拼合、对位的标记,常规刀口的深度为缝边的 2/3,包缝和来去缝工艺的刀口深度为缝边口袋的 1/3,刀口太深会破坏裁片,太浅则难以起到识别和对位的作用,在一些缝边为搭接的款式中,不可以在裁片上打刀口,而应该采用其它的方式点位。

⑥ 打开为面:裁剪完成后的裁片打包,应该遵循"打开为面"的原则,就是把裁片的正面包在里面,缝衣师在打开的时候,包裹在里面的那一层一定是正面,这样既省时间,又避免了弄错布料正反面的情况出现。

第三部分:上衣

① 烫衬的部位:做样衣时,要检查衬条的厚度、颜色和布料是否匹配。

② 折边烫宽衬条:所有折边都加烫 4～5cm 宽度的横纹衬条。

③ 做领:做领按实样包烫,缝边修成 0.5cm,中厚面料要修成高低缝边,领角不能反翘,领底不能外吐,领子翻驳后,领座不能外露,领子左右对称,装领线迹圆顺自然。

毛向:有毛向的款式,毛毛比较长的,顺毛向下;毛毛比较短的,逆毛向上。注意只有翻领始终和衣身是相反的。

④ 装袖：装袖要圆顺，左右对称，不偏前后，对准刀口，袖山吃势饱满，袖窿不能有拉松的现象。

⑤ 商标和洗水标识：商标和洗水标识钉于规定的位置，要求四角方正，接线牢固。

⑥ 门襟：双排扣门襟不要太尖，扣合后门襟下端要水平。

⑦ 扣眼位置：按照惯例，开扣眼"男左女右"，就是男装扣眼开在左边门襟上，女装扣眼开在右边门襟上，（极少数女装才会把扣眼开在左边门襟上），如果是后中开门襟的款式，则女装扣眼也开在左边（图9-10）。

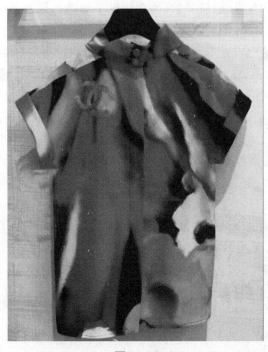

图 9 - 10

⑧ 前片：前片完成后左右对称，开袋位置上下、左右对称，袋角方正，有条纹的布料需要对格对条。

⑨ 装隐形拉链：装隐形拉链要先烫平，同时预缩拉链边。

⑩ 装露齿、盖齿金属拉链：安装露齿、盖齿拉链时门襟要有少量的吃势。夹克衫、拉链衫等有外贴门襟的款式，拉链应该位于门襟中间的位置。

⑪ 活动里布：大衣、风衣的活动里布的缝边要拷边，下摆统一卷边2cm，在距门襟5cm手工挑三角针固定里布。侧缝处距下摆3cm处拉线襻和面布连接，线襻长度为2.5cm。

⑫ 封闭里布：里布和面布之间有定位条，定位条用里布做成，定位部位为袖底、肩端点和袋布。

⑬ 里布后中活褶右倒：上衣有里布的款式，里布后中活褶均为向右倒（从反面看）。

⑭ 明线：明线要求均匀顺直，弧线圆顺自然，领子、门襟、介英的两端5cm范围内不能有接头。其它位置接头要自然重合。

⑮ 粗线接头：使用粗线接头需要在反面打结，并留线头0.5cm。

⑯ 斜纹门襟：用斜纹布料做的门襟，要烫直纹的黏合衬，做钮门是否会由于多次扣合而变大的试验，必要的情况下，需要在门襟里面垫没有弹性的直纹布料。

第四部分　下装：裤子和裙子

① 裆底：裤子的前、后裆在缝纫时要缝双道线或者用锁链来缝纫，主要是防止人们在穿着、运动时受力裂开。

② 前后裆缝边左倒：前、后裆缉明线的款式，在没有注明要求时，按照惯例一般缝边都向左边倒。

③ 裆底定位：有里布的款式，面布和里布之间要在裆底用布条固定。

弯形腰加直纹里布条：裤子和裙子的弯形腰要用实样扣烫，内层要加里布条或者防长衬条，同时把缝边修窄。

④ 前侧袋口松量：裤子和裙子的前侧袋，凡是分内层和外层的部位，外层都有至少 0.5cm 的放松量，后贴袋也要有少量的放松量。

⑤ 拉链重叠位：裤子前中安装拉链要平服，右盖左或者左盖右 0.6cm。

第五部分　针织衫

① 控制尺寸：由于针织面料是以线圈穿套的方式织成的，受力时伸长，不受力时就回缩，有很大的弹性，为了控制产品的尺寸，有的部位在工艺上采用直纹布条、纱带或者胶带来加以固定处理。

② 针织衬：同样由于弹性较大的原因，针织服装采用有弹性的针织衬，而不采用普通无弹性的无纺衬。

③ 包边处理：由于针织面料在裁剪时断面容易脱散，因此常常采用包缝、卷边、滚边和缂罗纹的处理方式。

④ 捆条用横纹：针织服装的滚条一般采用横纹方向，而不采用斜纹和直纹。

⑤ 开钮门：开钮门要比实际钮门（钮扣直径＋钮扣厚度）内径小 0.3cm。

⑥ 压脚、机针和针板：在缝制针织、丝绒类有弹性的面料时，要换成小间距的压脚、小号机针和小孔针板。

第六部分　连衣裙

① 隐形拉链：连衣裙和其它款式的裙子的隐形拉链，有的公司装在左侧，有的装在右侧，要根据具体的款式和公司习惯来确定。上端距袖窿 2cm，下端要超过臀围线至少 2.5cm。

② 压脚、机针和针板：在缝制夏季比较薄的面料时，生产车间要统一换成小距离的压脚，小号的机针和针板。

③ 统一隐形拉链长度：后中隐形拉链的长度统一为 53.5cm，通码；侧缝隐形拉链的长度统一为 35cm，通码。隐形拉链下端需要用里布包头并定位。

第七部分　棉衣

① 加无纺衬：无纺衬也称生朴，起到定型和防止跑棉的作用。

② 收省：棉衣收省要先沿着省的中线走一道线，终点要到达省尖，然后再收省。

第八部分　后道专机、手工、整烫、包装

① 特种机（专机）

特种机包括平眼机、凤眼机、钉扣机、撞钉机、套结机、挑边机等。

使用钮门点位样板时，由于服装完成后通常有缩短现象，在这种情况下：

衬衣类的门襟以上端平齐，而西装类应以翻折点平齐，特殊款式要经过技术部门的研究后再确定点位的方法。

有的口袋上的钮门是半成品打好的，也有的是做好成品后再打钮门的，遇到这种情况要仔细分析和确认。

一般情况下，女装的钮门开眼在右边门襟，男装的钮门开眼在左边门襟，只有在极少数情况下，女装开在左边。

特种机器中的挑边机，凡面料太薄或者绣花部位靠近折边的均不能使用机器挑边。

平眼和凤眼的开眼机器，在开眼时要注意检查刀片是否锋利，刀片规格和钮规格是否吻合，是否有跳针现象，这类问题只有确认无误才能够生产，因为这类情况如果发生失误将是无法补救的。

挑脚机：凡面料太薄的，绣花靠近贴边的款式均不能用机器挑脚。

② 手工

手工钉钮扣要先了解钉法和要求，如是否需要绕脚，如果是壳钮和布包钮必须是一件衣服上的钮扣

要颜色相同。

钉暗扣要按实样点位,钉牢。按照惯例,暗扣的凸面通常钉在右边门襟,凹面钉在左边门襟。

③ 整烫

整烫之前要和员工讲解整烫要求和质量标准,特别要注意烫台要清洁,熨斗要套烫靴,留意服装需要归拔的部位。

真丝类面料沾上汗斑后会发黄,整烫员工要带上手套操作,有的服装成品尺寸与制单尺寸有误差,需要整烫补救的,要先前通知,还要一些弹性较大的面料在整烫时要注意控制尺寸。

有绒的面料尽量在反面烫,在正面垫超宽魔术贴,防止布料正面的绒毛被烫倒。

第十部分　其它补充说明

① 中烫:中烫是指生产过程中的整烫裁片工艺,中烫在黏衬时熨斗应由上向下、由中间向两侧垂直操作,并控制好适当的温度,施加一定的压力和湿度,这样可以排出布料和黏合衬之间的空气,使黏合的效果平服,自然。

② 图案方向:凡有图案、字母的唛头,织带,绣花片,都要注意上下方向。

③ 套里布修剪长度:套里布和卷下摆之前,要确定衣长并修顺下摆,封闭式里布在套里布之前,要清理面布和里布之间的杂物和线头。

④ 先开缝,后套里布:凡开缝的部位都要先烫开缝以后再套里布。

第六节　板房现场管理

1. 看板管理

看板管理是由过去黑板报的形式演变出来的,在板房的墙壁上挂一块看板,看板的格式不拘,主要张贴公布的内容有:①防火防灾安全提示;②产量计分进度表;③工作计划;④临时通知和告示,例如调休通知。贴在看板上就不需要一个员工一个员工的去口头通知了。也可以采用卡通和漫画的形式,活跃气氛。

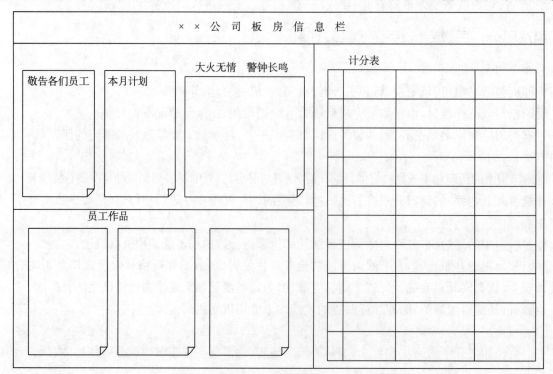

2. 笔录，交代和落实

在公司上司交代我们板房的事项时，一定要做笔录。

当上司说话速度比较快的时候，我们可以采取记录关键词的方式，快速记录，完成后稍回忆，整理一下。

笔录可以避免忘掉了某一件事情；

也可以区分上司是交待这件事，还是他仅仅一闪念，想过这件事。

同样的，我们在交代下属需要执行的事项时也不能仅仅是口头交代，而是书面传达，过后再检查是否落实，尤其是在人数比较多、事情比较繁杂的大公司，这一点很重要。

3. 板房文件的保密措施

板房文件是公司板师辛勤劳动的成果，也是公司的机密，服装公司每开发一个新款，需要支付设计师、采购人员、打板师、放码师、样衣师的工资，还要支付场地租金和水电费等各种费用，成本比较高，为了防止公司文件被复制、发送和盗版，除板房总管的电脑外，其它电脑的 usb 插口均为断开状态。网络仅仅连接公司的局域网。

4. 以健全的人格和思维对待失败

人，只要你在工作，就有失败的时候，一个没有经历过失败的人是不可能经验丰富的，失败和成功同样有价值，面对失败，我们要：(1)冷静地找出原因；(2)记录整理下来，避免重复出现错误；(3)积极寻求解决和补救的方案。

5. 怎样处理好纸样师、设计师和样衣师之间关系

纸样师、设计师和样衣师是互相合作的关系，实际工作中，常常出现样衣做好后，设计师要求修改，设计师会认为是纸样师的技术不好，或者是板型不好。需要再次郑重声明：一定要改变所谓的"一板成型，一步到位"的观念，修改和调整是很正常的现象，好的板型和产品都是经过很多次修改才能得到的，设计师不要因此而怀疑纸样师的技术，而是要不断地提出建设性的意见，尽可能把自己想要的效果和纸样师进行沟通，并且要做书面的交代。在实际工作中我们发现，能做出优秀作品往往并不是因为这位纸样师的技术特别高，而是这位纸样师善于沟通。

因此，我们的纸样师在打板之前一定要主动和设计师进行有效的沟通，必须先明了设计师想要的意图，才能有的放矢，提高工作效率。

样衣师的职责就是试制产品，主动地发现细小的误差和问题。我们希望的是：一件产品在设计、打板、样衣、审批、放码、车间、后道等每一个环节，都能加一分，那么这件产品将会十分完美。而不希望各部门之间互相推诿，互相指责。

作者早年也做过一段时间的样衣师，作者对纸样师傅恭恭敬敬，纸样师傅也因此教给作者很多实用的技术和经验。作者发现，纸样师常常会因为时间紧迫，身心状态甚至情绪状态而出现一些失误，作者的做法是，如果是很重要的失误就要马上通知纸样师傅，以避免出现重大损失，如果是较轻微的问题，不要急于打断纸样师傅的工作状态，而是用铅笔把这些问题写在纸样上面，纸样师傅在检查和整理纸样时就会看到，并进行改正后再擦掉铅笔字。体恤他人工作的辛苦，尊重他人的辛勤劳动在职场上也是极为重要的素质。

6. 人才储备和培训

凡事预则立,不预则废。为了保证公司新产品能够顺利的开发推出,就是在最顺利的情况下,仍然要有必要的纸样师、车板师的人才储备。这就要求纸样主管和技术部经理要有良好的服装界人际关系,在必要的时候能够保证招聘到优秀的人才。

经常听到一些从事纸样工作的朋友的诉说,自己和公司的其它人员关系不好,打算辞职或者已经辞职之类的,我们只要看清和抓住一条主线索,就是公司是需要赢利的,自己在这个公司创造了多少价值,如果你一直为公司创造着可观的价值,任何人都无法排挤你的。就算被人排挤了,只要你有优秀的心理素质和业务素质,社会和市场都会给你一个公正的位置和估价。

7. 不可让某一个板师始终做一个类型

有的公司在分配打板任务时,把裤子全部发给擅长裤子打板的师傅,把连衣裙款式发给擅长打板连衣裙的师傅,这种做法是错误的。为什么呢?①造成了这个打板师技术单一,不能综合运用和融会贯通,不利于个人成长;②计分时会出现过多或者过少的现象;③凡是有十年以上工作经验的打板师,如果说仅擅长某一类款式是不正常的,好的板型师是需要不断调整、总结的。

8. 怎样才能有效地减少返工率——做生产板

生产板是指每次批量生产之前,由缝纫组长提前为了熟悉款式要点而完成的样衣,提前做生产板可以有效地防止发生返工现象。

做生产板是大货生产前不可缺少的一个重要环节,可是很多工厂由于货期时间紧促或者管理人员工作繁重,而常常得不到实际的执行,从而导致大批量的返工,造成成倍的损失。提前做生产板,则可以清楚地掌握每一道工序的要点,在货期紧、事务多的情况下,可以由优秀的员工或者组长助理来提前完成生产板。

注意,做生产板的程序和做样衣程序是不同的,生产板要按照大货生产程序来做,即把缩水率加到布料后,再裁剪,而做样衣是先把布料缩水后再裁剪的,这两者之间有根本性的区别。

9. 怎样有效提高纸样头板成功率——做毛坯样

毛坯样是指用坯布做的样衣。左右对称的款式毛坯样可以做一半,可以不装挂面和里布,只要把门襟和下摆修剪成净边即可,只需简单缝制,或者只用大头针别在人体模型上,就可以准确的检测和调试服装的总体和细节的效果。例如:服装的合体程度,分割线的部位的比例是否合理,线条是否顺畅,领子和袖子多褶和多皱的造型,同时,设计师也可以在这个毛坯样上进行更改构思。

做毛坯样不是增加了劳动量,它可以节省面料,使完成后的纸样达到非常理想的效果,从而使样衣的成功率得到极大的提高,所以很多公司都理性地选择了做毛坯样。

10. 样衣组长的职责

样衣组长负责领取辅料、配片和检查质量,在样衣完成后负责安排开扣眼、做手工、整烫、度量并记录尺寸,传达需要修改、变更的通知以及控制样衣生产的时间进度。

11. 更改工艺和物料都要经过试制

在实际工作中,有时会出现大货在生产过程中,突然收到临时变更的通知,改变物料或者制作工艺,而这些改动也是要通过试制来查看实际效果,确认无误后才能继续生产。

12. 怎样制作和填写工艺单

笔者在实际工作中设计了两种工艺单，分别是板房工艺单和大货工艺单，这两种又分为上衣和下装各一份。

板房工艺单主要记录了样衣的原始尺寸、物料数量和更改记录。

而大货工艺单则主要记录各码尺寸、特殊提示和变更通知。

1. 深圳市××服饰有限公司板房工艺单——上衣

款号：15054		名称：前收碎褶		关键词：对丝，无袖		刷新：　年　月　日	
原始尺寸：		原始码数：		成品尺寸：		新码数：	
后中长	度法	袖长		后中长	度法	袖长	
后衣长		袖口	扣合 展开	后衣长		袖口	扣合 展开
前中长		袖肘		前中长		袖肘	
前衣长		袖底		前衣长		袖底	
侧长		袖肥		侧长		袖肥	
前胸宽		前袖缝		前胸宽		前袖缝	
后背宽		后袖缝		后背宽		后袖缝	
胸围		前袖底		胸围		前袖底	
腰围		后袖底		腰围		后袖底	
臀围		前袖口		臀围		前袖口	
摆围		后袖口		摆围		后袖口	
小肩		袖窿	前　后	小肩		袖窿	前　后
前肩宽		前领圈		前肩宽		前领圈	
后肩宽		后领圈		后肩宽		后领圈	
前领横		后领横		前领横		后领横	
前领深		后领深		前领深		后领深	

基码纸样　片　实样　片	款式图：
特别提示和更改说明：	
1.	
2.	
3.	
4.	
5.	
6.	
7.	
用料：幅宽×长度	
面布：146cm×93cm	
里布：150cm×71cm	

欧根纱:110cm×4cm	辅料:衬	
撞色布:	撞钉数量:	急钮数量:
里布:	钮扣数量:	
极少量辅助布料		
布料正反面		
拉链:种类:型号:长度:38.8 cm	配色线:	
完成后的拉链间距 0.75cm	撞色线:	
	复板数量	
设计: 打板:	车板:	年 月 日

2. 深圳市××服饰有限公司板房工艺单——下装

款号:15051	名称:牛仔九分裤	关键词:洗水,订珠片	刷新: 年 月 日
原始尺寸:	原始码数:	成品尺寸:	新码数:

	度法				度法	
外侧长	(连腰)		外侧长	(连腰)	
内侧长			内侧长		
腰围			腰围		
臀围			臀围		
膝围			膝围		
脚口			脚口		
前裆长	(不连腰)		前裆长	(不连腰)	
后裆长			后裆长		
前中长	(连腰)		前中长	(连腰)	
后中长			后中长		
腰头高			腰头高		

基码纸样 片 实样 片
特别提示和更改说明:
1.
2.
3.
4.
5.
6.
7.

款式图:

用料:幅宽×长度
面布:
里布:

续表

	辅料:衬	
撞色布:	撞钉数量: 急钮数量:	
里布:	钮扣数量:	
极少量辅助布料		
布料正反面		
拉链:种类:型号:长度:厘米 英吋:	配色线:	
完成后的拉链间距 cm	撞色线:	
	复板数量	
设计: 打板:	车板: 年 月 日	

<table>
<thead>
<tr><th colspan="7">3. 深圳市××服饰有限公司大货工艺单——上衣</th></tr>
</thead>
<tbody>
<tr><td colspan="2">款号:15052</td><td colspan="2">名称:V领+碎褶</td><td colspan="2">关键词:</td><td>刷新: 年 月 日</td></tr>
<tr><td colspan="2">原始尺寸:</td><td colspan="2">原始码数:</td><td colspan="2">成品尺寸:</td><td>新码数:</td></tr>
</tbody>
</table>

后中长	度法	XS	S	M	L	XL
前中长						
侧长						
前胸宽						
后背宽						
胸围						
腰围						
臀围						
摆围						
后肩宽						
袖长						
袖口	扣合 展开					
袖肥						
袖窿						
领圈						

基码纸样 片 实样 片		款式图:
特别提示和更改说明:		
1.		
2.		
3.		
4.		
5.		
6.		
7.		
用料:幅宽×长度		
面布:146cm×93cm		
里布:150cm×71cm		

续表

欧根纱:110cm×4cm	辅料:衬
撞色布:	撞钉数量: 急钮数量:
里布:	钮扣数量:
极少量辅助布料	
布料正反面	
拉链:种类: 型号: 长度:38.8 cm 英吋:	配色线:
完成后的拉链间距0.75cm	撞色线
	复板数量
设计: 打板:	车板: 年 月 日

4. 深圳市××服饰有限公司大货工艺单——下装						
款号:15053 名称: 关键词:印花,腰带				刷新: 年 月 日		
原始尺寸: 原始码数: 成品尺寸:				新码数:		
	度法	XS	S	M	L	XL
外侧长	（连腰）					
内侧长						
腰围						
臀围						
膝围						
脚口						
前裆长	（不连腰）					
后裆长						
前中长	（连腰）					
后中长						
腰头高						

基码纸样 片 实样 片

特别提示和更改说明:

1.

2.

3. 款式图:

4.

5.

6.

7.

用料:幅宽×长度

面布

里布

续表

	辅料：衬
撞色布：	撞钉数量：　　　急钮数量：
里布：	钮扣数量：
极少量辅助布料	
布料正反面	
拉链：种类：型号：长度：　cm　英吋：	配色线：
完成后的拉链间距　　cm	撞色线：
	复板数量
设计：　　　　　　打板：　　　　　　车板：　　　　　　年　月　日			

第七节　纸样的细节检测说明和页数索引

第一部分　修改纸样		
页数	编号	
172	1	面布修改,指面布纸样的结构、尺寸和微调的改动
	2	里布同步修改,指面布修改后,里布要相应改变,否则难以拼合
	3	实样同步修改,指净样也要相应改变,不可遗漏
	4	缝边检查,指缝边宽度的检查,通常折边较宽,针织为0.75cm,特殊情况会有所变化
	5	刀口位置检查和数量统计,指刀口位置的对应精确度和数量
	6	校对领圈和领子,指领圈和领子的吻合程度
	7	校对袖窿和袖山,指袖窿和袖山的吻合程度和必要的吃势
	8	校对挂面和大身,指挂面要跟随大身的改变
	9	校对前后肩缝长度差,指前、后肩缝的长度和必要的差数
	10	校对侧缝长短,指前、后侧缝的长度检查
172	11	里布必要的省道和数量
172	12	各部位吃势
139	13	里布横向松量
161	14	里布纵向风琴位

补充说明:14,风琴位,指下摆和袖口,里布加松量后出现风琴一样的伸缩结构。

第二部分　修改纸样		
	1	总体尺寸,指主要部位的尺寸,不可因过于注意结构和细节而使整体太大或太小
	2	细节部位尺寸,指领、袖、口袋和开衩等部位尺寸
74	3	领圈形状
78	4	袖子形状
	5	下摆是否水平,指前、后下摆的水平程度

第二部分	修改纸样	
	6	腰节是否水平,指前、后腰节分割缝的水平程度
	7	外观造型,指整体的造型和形状
	8	布纹方向,指丝缕方向的设置
	9	制作工艺,指特殊的工艺,要在纸样上画出示意图和文字说明
	10	手工工艺,指线襻、挑边、钉扣、对钩、暗扣等标注和说明
	11	前、后领圈高度差

补充说明:

前后领圈高度差是指衣服自然平铺状态下,前领中点到后领中点的距离,(见图9-11)。

指这段距离

图9-11

	第三部分 放码必要检测(表1)		
页数	编号		
	1	样衣为___码 放大___缩小___,指放码前要确认样衣是什么码,然后放缩几个码	
	2	裁床比例,指排料图的件数和码数比例	
	3	总体档差,指主要部位的档差和特殊要求	
	4	局部档差,指局部细小部位的档差分配	
	5	口袋位置检查,指口袋高度和袋口长度斜度的设置	
	6	口袋左右对称档差,指放码时,左右片的口袋位置档差要相对称	
146	7	打孔位检查	
	8	×1裁片统计,指单片的裁片数量统计和检查	
	9	×2裁片统计,指对称裁片的数量统计和检查	
	10	×3裁片统计	指3片或3片以上的特殊数量的裁片统计和检查
	11	×4裁片统计	
	12	其它裁片统计	
	13	衬的片数统计,指衬的片数统计和检查	
144	14	实样片数统计,指实样(净样)的片数统计和检查	
144	15	点位样片数统计,指点位样板的片数统计和检查	
	16	毛向,指有顺毛和逆毛的布料,毛向的检查	
	17	印花和绣花图案的方向,指花纹和图案方向的检查	

续表

第三部分　放码必要检测(表1)		
页数	编号	
	18	拉链安装完成后的间距,指拉链完成后的间距标注
141	19	碎褶完成后各码尺寸
	20	有弹力面布和无弹力里布,指在填写里布属性时要注明是否有弹力
	21	不可打刀口的标注和小线段,指搭接拼合时,面层要注明不可打刀口
145	22	智能笔做专用特殊缝角的各个点放码
	23	装饰性省道的指向和数量,指仅起装饰作用的省道方向和数量

第三部分　放码必要检测(表2)		
页数	编号	
	1	不对称要素放码,指不对称的部件放码时档差检查
	2	对称要素放码,指左右对称的部件档差检查
	3	省的方向、倒向和位置,指省道的指向、倒向和位置的设置
115	4	布纹方向检查
	5	蓝色未放码点检查,指CAD未放码的点会显示蓝色,这些点重点检查
	6	文字检查,指文字标注和说明方面的检查
141	7	数字检查
170	8	蕾丝保留布边
115	9	横裁
63	10	衬的布纹方向
192	11	前后领横差
	12	袖窿和袖山档差,指袖窿和袖山的档差要尽量相等
120	13	皮革的缝边宽度
	14	毛领底层布料是否由专业生产毛领的厂家定做,指排料时是否需要把这些裁片排在唛架图上
	15	做实样时保留原毛样,指CAD移动裁片做实样时,要保留原纸样
170	16	欧根纱做衬要先缩水,指欧根纱缩水率比较大,当衬布使用时要先缩水
	17	所有棉绳、橡筋、织带要先缩水,指辅料需预先缩水
	18	大货衬比面布四周小0.3cm,指衬布的样片可以比面布稍小一些
	19	裁片中线上的刀口,指裁片的中轴线上的刀口不可遗漏
	20	区别裁片中和侧的刀口
148	21	图案离最近的线条档差不要太大
164	22	控制下摆弯度,弯度太大不适合挑边和折边

第四部分　加缩水、模拟排料和模拟打印		
页数	编号	
	1	缩水率检查,指加入缩水后,裁片上会显示出来,要检查缩水数值的准确性
	2	加缩水不可破坏裁片封闭性,指CAD加缩水时,要完全选中裁片
114	3	特别提示的表格,指在样片上书写"特别提示"的表格
121	4	尺寸表
	5	刷新款式,指CAD打推文件改变后,排料文件也同步刷新
	6	对称状态下片数统计,指对称裁片的统计和检查
	7	不对称状态下裁片统计,指不对称裁片的统计和检查
	8	绣花和印花裁片的间隔设置,指绣花和印花裁片在排料时四周要留出空位
	9	发送和替换文件,指打板文件改变后,放码和排料员工电脑上文件需同步重新发送和替换
149	10	打印最大码或者最小码

第五部分　裙子和裤子针对性检测		
页数	编号	
	1	弯腰加衬条,指裙子和裤子的弯形腰,需加衬条固定,防止伸长
122	2	前片分左右
122	3	洗水缝边宽1.25cm,即半英寸
123	4	小襻纸样和位置
123	5	撞钉的数量统计
123	6	打套结的长度和数量统计
123	7	前袋贴下端只需要0.6cm缝边
121	8	明线
120	9	前袋口松量
124	10	洗水前、洗水后尺寸表对照
123	11	扣子和扣眼
123	12	后内侧拔开
123	13	弹力布脚口不翻转
	14	隐形拉链刀口里比面低1.5cm
	15	前腰部分必须成直角
123	16	拉链门和里襟上端预留1.5cm缝边

第六部分　衬衫领款式针对性检测		
页数	编号	
	1	下领前端保持足够的起翘高度,(见图9-12)
64	2	门襟上端斜度控制在0.3cm
	3	门襟用横纹衬
	4	上领保持足够的弯度
	5	领圈和领子的长度校对,指领圈和领子的吻合程度
	6	上领与下领,指上领和下领的吻合程度
	7	前、后侧的长度校对,指前、后侧缝的长度检查
	8	前、后肩缝的差数,指前、后肩缝的长度和必要的差数
	9	刀口位置和数量,指刀口位置的对应精确度和数量
	10	前、后袖山吃势
	11	侧缝和肩缝缝角处理
21	12	大袖衩和袖衩条在原有缝边基础上再预留1cm缝边
	13	棉布衬衫仅右门襟有衬,指比较厚的布料,底襟可以不加衬
	14	真丝衬衫左右门襟都有衬,指比较薄的布料,门襟和底襟都需要加衬
	15	真丝袖衩不加衬,用双层,指比较薄的布料,袖衩可用双层布。防止烫衬产生色差
21	16	注明袖衩剪开长度标志位置

补充说明:

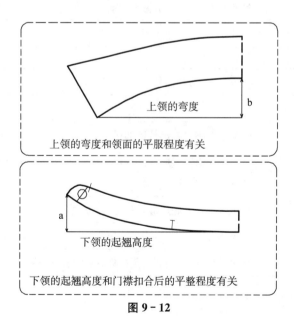

图 9-12

第七部分　连衣裙针对性检测		
页数	编号	
138	1	里布松量
102	2	面布和里布拉链刀口保持 1.5～2cm 的差数
139	3	有袖款式和无袖款式衣身里布的不同松量
	4	加衬条的部位,指领圈和袖窿等部位加衬条固定
183	5	前后领贴的中点向下拉伸
48	6	定向褶
102	7	装隐形拉链后领贴比面布短 0.6cm
102	8	隐形拉链里布后中上端要劈去 0.6cm
50	9	裙片下摆里布可以比面布小,能自由活动即可

第八部分　西装　夹克外套类针对性检测		
页数	编号	
183	1	领脚拉开
46	2	西装袖对刀口
46	3	预留宽缝边
	4	毛领和领圈跳通码,指有毛领的款式,为了方便做毛领而跳同样长度的通码
102	5	过于复杂的领子跳通码
38	6	西装袖内/外袖缝是否影响袖口顺直
38	7	袖口和下脚折边两侧各减 0.25cm×4

第九部分　其它检测		
页数	编号	
	1	袖口或者脚口隐形拉链的里布刀口比面布短 2～3cm(见图 9-13)
80	2	用欧根莎面料做的款式尽量放大尺寸,和其它种类面料拼合时不可修剪缝边,不可拉开,只可少量归拢
	3	衬衫后育克的底层缝边加宽,以方便修剪
	4	女西裤的前斜插袋,如果不压明线,需要做手背袋贴(见图 9-14)
	5	有的布料,横方向有少量弹性,捆条可以做横纹(见图 9-15)

补充说明:

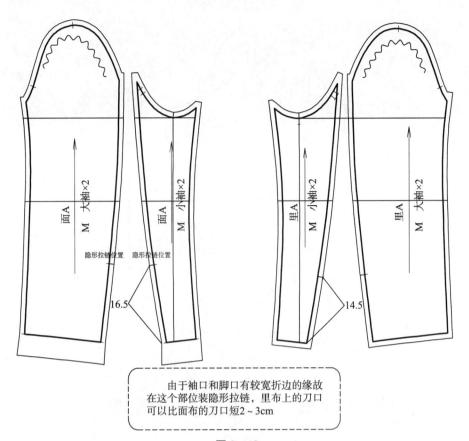

面A M 大袖×2

面A M 小袖×2

里A M 小袖×2

里A M 大袖×2

隐形拉链位置　隐形拉链位置

16.5

14.5

由于袖口和脚口有较宽折边的缘故
在这个部位装隐形拉链，里布上的刀口
可以比面布的刀口短2～3cm

图 9 - 13

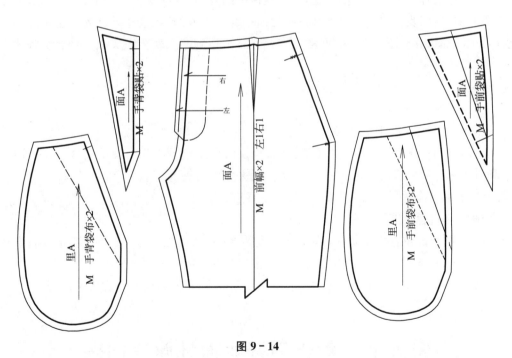

面A M 手背袋贴×2

里A M 手背袋布×2

右

左

面A M 前幅×2 左1右1

面A M 手前袋贴×2

里A M 手前袋布×2

图 9 - 14

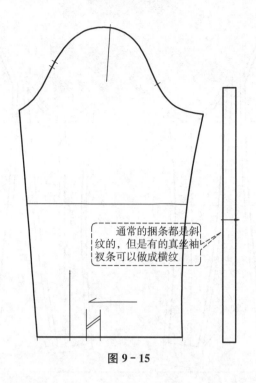

通常的捆条都是斜纹的，但是有的真丝袖衩条可以做成横纹

图 9 - 15

第八节　卫生与安全管理

　　板房往往和样衣师的工作台连在一起,会产生很大的灰尘,这些灰尘会影响人的健康,会影响电脑的运行,更重要的是,服装公司的灰尘是有布料的细小纤维组成的,当这些纤维的灰尘落在插头和插座上,而这些带电的插头和插座由于长时间的工作,会发热,达到燃点就会酿成火灾,因此,板房需要重视灰尘问题。解决的方案是

　　① 把样衣工作区域和板师工作区域隔开。

　　② 手机充电器不用时要拔开。

　　③ 每天由清洁工晚上和中午各清扫一次。

　　④ 每个周末下午下班前,由各位员工清洁自己工作区域,整理工作台面的文件、工具等物品,清洁电脑屏幕和键盘。然后由清洁工清扫,并用吸尘器吸去角落的灰尘。

　　⑤ 每个员工都必需学会使用灭火器,熟悉逃生通道和技能。

　　⑥ 安全通道和过道不能堵塞和封闭。

　　⑦ 公司在最醒目的位置张贴防火、逃生安全宣传画,对新员工要逐条解释,指导他们亲身操作掌握,可结合一些真实的案例来提醒老员工不要因为没发生和时间久远而麻痹大意。

　　安全是很重要的一个环节,没有安全意识,一旦发生火灾等事故,所有努力都是白费力,生命和财产都无法保障。

第九节　善于别开生面地解决问题

　　在实际工作中,虽然工作都是有计划的,但是实际执行时,无论是技术性工作,还是人事方面的工作,总是有很多变数。因此我们要树立一种意识,就是善于灵活地、别开生面的解决问题,善于调动各种思维方式,对所出现的问题进行灵活的、多角度的分析,善于变通处理。

　　例1:下面是一款排褶的连衣裙(图 9 - 16),后片的排褶裁片是由左右两个长方形的裁片组成(图 9 -

17),后片显得非常宽松,侧缝出现前偏的现象(图 9 - 18),在经过充分思考后,在后腰加了两个比较细的丝带进行固定(图 9 - 19),然后再用腰带盖住这个丝带,这样无论穿着还是悬挂,都保持了腰部较细的造型(图 9 - 20)。

图 9 - 16

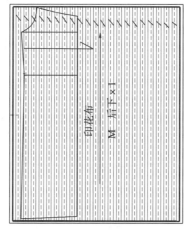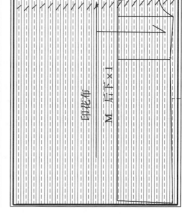

图 9 - 17

图 9 - 18

图 9 - 19

图 9 - 20

例2:大衣领子处理

处理方法见图9-21～图9-25。

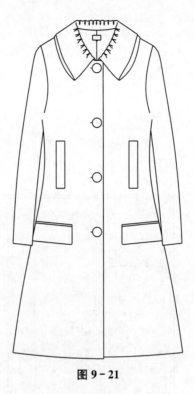

图9-21

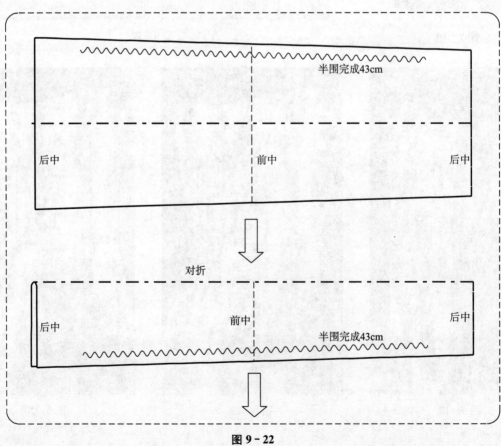

图9-22

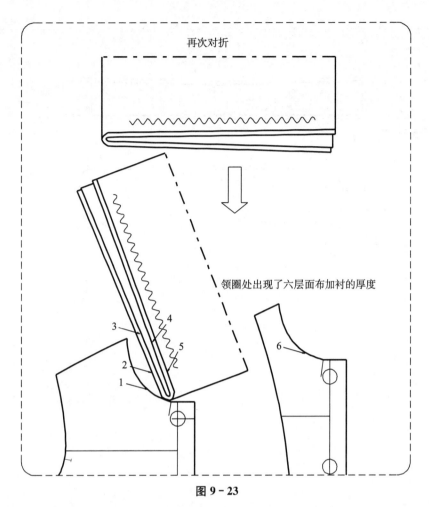

再次对折

领圈处出现了六层面布加衬的厚度

图 9 – 23

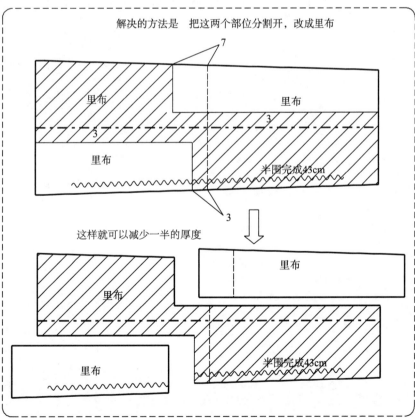

解决的方法是 把这两个部位分割开，改成里布

里布

里布

里布

半围完成43cm

这样就可以减少一半的厚度

里布

里布

里布

半围完成43cm

图 9 – 24

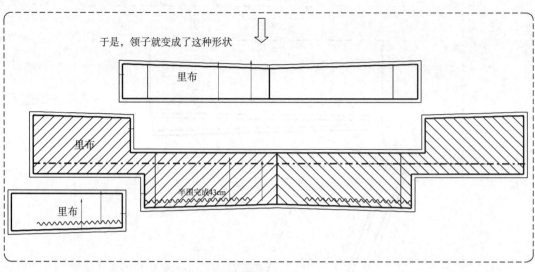

图 9 - 25

第十章 答 疑

（1）问：怎样把图案印到裁片上？

答：在实际工作中，常常需要把一些图案、花位、珠片位复制到纸样上（图 10 - 1）。

图 10 - 1

操作的方法是：

① 如果是手工纸样，在一开始就选用比较透明的白纸来画纸样，需要复制图案的时候，直接把纸样放在样衣上，用铅笔或者水笔把这些元素画出来即可（图 10 - 2）。

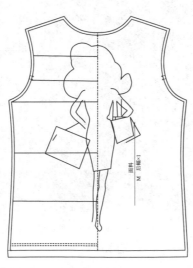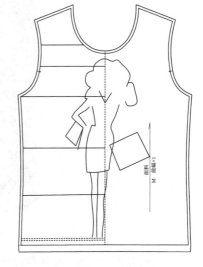

图 10 - 2

② 如果是电脑纸样,可以采用数字化仪读图的方式,把图案读入电脑。然后再整理和校对一下即可。

③ 如果没有用来读图的数字化仪,可以用白纸把图案复制下来,把电脑屏幕上显示的 CAD 图形调整成 1∶1 的比例,再把图案放在电脑屏幕上,用智能笔把这些图案画下来即可。

（2）问:哪些绣花裁片需要预留较宽空位,哪些不需要预留较宽空位?

答:① 绣花的款式,如果是绣花针迹和图案都比较少,可以不需要预留较宽空位(图 10 - 3)。

图 10 - 3

② 如果是不需要精确对准绣花位置的,可以随机摆放裁片的款式,不需要预留较宽空位(图 10 - 4)。

图 10 - 4

③ 一些针织类有弹力,并且尺寸比较宽松的款式也不需要预留较宽空位(图 10 - 5)。

图 10 - 5

④ 对于绣花针迹比较多的既费时又费工的绣花款式,我们称为重工绣花,必须预留较宽空位,就是裁片直接预留的间隔。一般情况下,四周预留 3cm,也可以先咨询一下绣花厂的师傅,然后再设置适中的预留空位的宽度。同时做好修片样,等绣花完成后进行精确的修剪裁片(图 10 - 6)。

图 10 - 6

⑤ 有的印花图案比较抽象,没有方向区分,不需要对印花位置,可以整批布印花,随意摆放裁片,不需要预留较宽空位(图 10 - 7)。

图 10 - 7

⑥ 而需要精确对准印花或者绣花位置的款式，则必须要预留较宽空位。还要考虑到放码后，增大的码数，裁片会变大，图 10 - 8 中的基码为中码，放大和缩小各一个码，这时裁片的四周都加了 2.5cm 的预留空位。

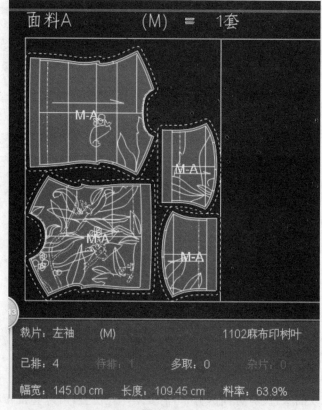

图 10 - 8

如果没有加预留空位,则显然是错误的(图 10 - 9)。

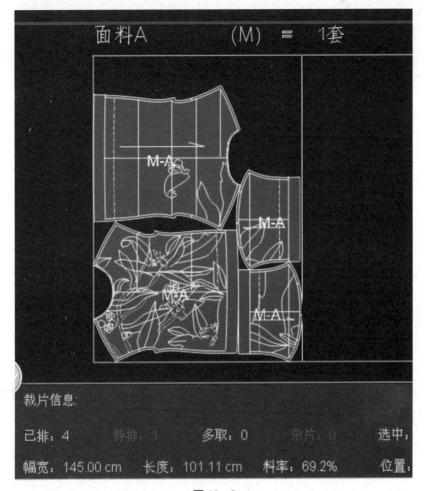

图 10 - 9

(3) 问:衬衫领的上领应该比下领长还是短?

答:应该是上领比下领稍短。因为这样在缝制的时候,上领就必须拉开,同翻领领脚拉开的原理相同,经过这样处理的衣服穿着后,领翻转部位不会多布(图 10 - 10)。

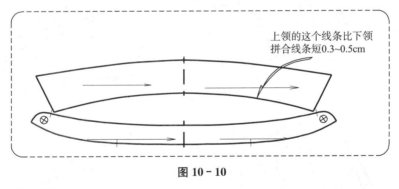

图 10 - 10

(4) 问:什么是省去量?

答:省去量是指在服装结构图中,胸围线上的后省尖和后中部位的量是不能算在胸围尺寸以内的,否则就会出现成品尺寸小于预先设定的尺寸的问题,还有面料自然收缩的量和缩水也可以当作省去量。在计算胸围尺寸时要先加入省去量(图 10 - 11)。

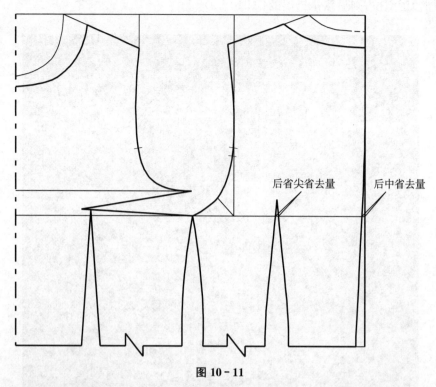

图 10 - 11

（5）问：怎样确定后领圈的深度和形状？

答： 关于后领圈的形状和深度，笔者在实际工作中，发现无领基本型的后领圈的线条应该和人台的领圈线条相平行，如果是连衣裙款式和衬衫款式，后领深为 1.7～2cm，西装款 2～2.5cm（图 10 - 12、图 10 - 13）。

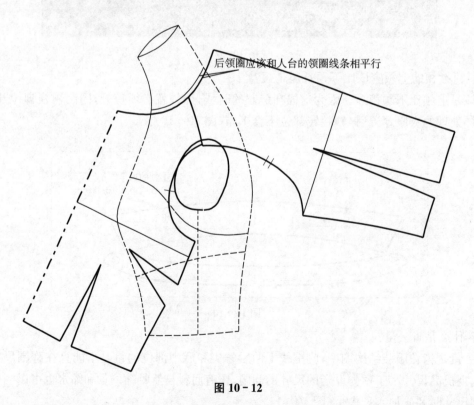

图 10 - 12

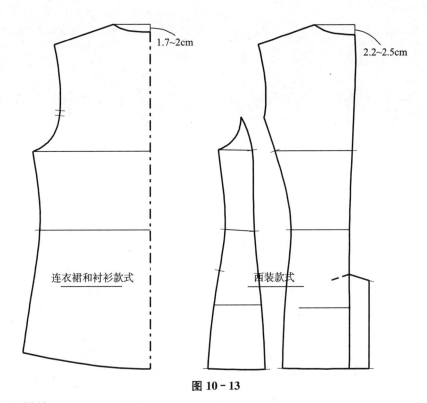

图 10－13

（6）怎样打蝴蝶结

蝴蝶结可以用于系领带（飘带）和腰带，这里介绍两种方法。

第一种见图 10－14～**图** 10－18

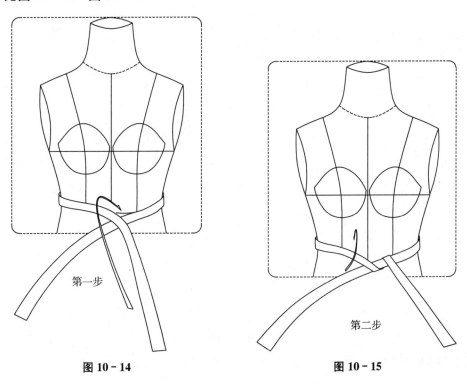

图 10－14　　　　　　　　　　　　　　　图 10－15

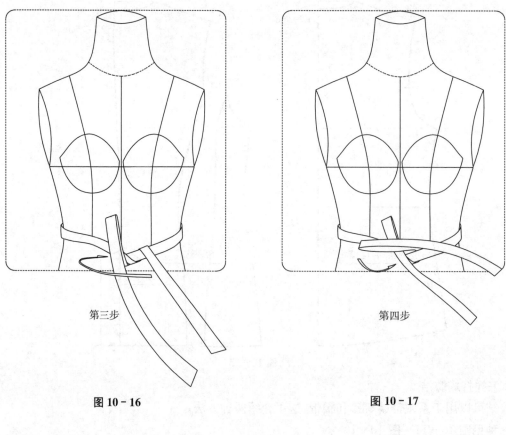

第三步

图 10 - 16

第四步

图 10 - 17

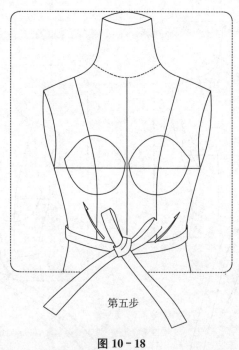

第五步

图 10 - 18

操作到第四步时可以演变成第二种系法(图 10 - 19、图 10 - 20)：

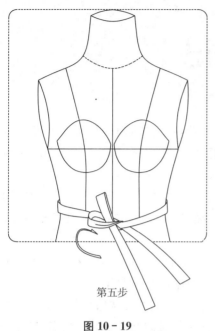

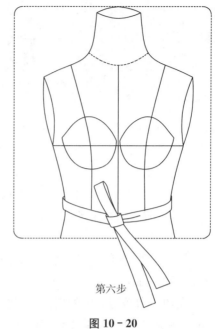

第五步　　　　　　　　　　　　　　　　第六步

图 10 - 19　　　　　　　　　　　　　　图 10 - 20

（7）问：当人台和真人试穿效果不同时，应该以哪一个为正确效果？

答：应该以人台试穿效果为正确的效果。因为我们做的是工业纸样和批量生产，是以一个基码纸样来适用于一个范围以内的消费群体，不是给这个试衣文员做的量身定制，试衣文员身材再标准，都难免有一些个体特征，真人试穿应该多注意动态效果和尺寸舒适程度的体验。

（8）问：购买人台需要多大的尺寸？

答：下面是深圳市××人台公司的内销品牌尺寸数据。

深圳××人台(模特儿)衣架制品有限公司

本公司国内码全身女装板房人台尺寸仅供参考，亦可按贵司所提供的尺寸定做。

单位(cm)

	S 码	M 码	L 码	XL 码
颈围	33.5	34.5	35.5	36.5
肩宽	37	38	39	40
胸围	80	84	88	92
胸高	24	24.5	25	25.5
胸距	17	18	19	20
前胸长	38	39	40	41
后背长	37.5	38	38.5	39
腰围	60	64	68	72
臀围	85	89	93	97
腿围	51	52	54	56
膝围	33	34	35	36
前后裆长	66	67	68	69

后 记

笔者常常在网上看到一些打板的资料,看上去图文并茂,很实用,但是如果深入细致地进行研究和应用,就会发现这些资料无法运用到实际工作中去,还有许多的问题是有待于研究和商讨的。初学者没有辨别能力,以为是好东西进行学习和模仿,对自己成长造成很大的误导。

基于这种感受,笔者深入工厂生产车间和板房,与各位基层同事一起劳作,共同加班加点,寒暑未歇,利用节假日和休息时间用来整理工厂老师傅的经验,编辑文字和绘制图稿,常常至深夜,可谓胼手胝足,筚路褴褛。

在生产工厂虽然辛苦,却给笔者提供了源源不断的、生动而充实的素材,笔者也希望众多的年轻朋友能够投入到社会和实际工作中,很多灵感只有在专注的操作中才会出现。

由于作者正在构思和编写另外的新书,时间比较紧凑,读者朋友如果有所疑问,或者在工作中遇到一些问题,都可以集中整理后,发至作者 QQ,作者将在合适的时间为大家统一答复,不能及时回复时,请大家谅解。

鲍卫兵

QQ:1261561924

E-mail:baoweibing88@163.com